W0262942

Doris Dransch

Computer-Animation in der Kartographie:
Theorie und Praxis

Springer-Verlag Berlin Heidelberg GmbH

Doris Dransch

Computer-Animation in der Kartographie

Theorie und Praxis

Mit 47 Abbildungen und 15 Tabellen

Springer

Doris Dransch
Steinadlerpfad 15
13505 Berlin

Additional material to this book can be downloaded from http://extras.springer.com.

ISBN 978-3-642-64467-2   ISBN 978-3-642-60586-4 (eBook)
DOI 10.1007/978-3-642-60586-4

Springer-Verlag Berlin Heidelberg New York
Die Deutsche Bibliothek – CIP-Einheitsaufnahme

Computer-Animation in der Kartogrphie: Theorie und Praxis/ Doris Dransch – Berlin; Heidelberg; New York;
Barcelona; Budapest; Hong Kong; London; Milan; Paris; Santa Clara; Singapur; Tokyo: Springer, 1997

NE: Dransch, Doris

Die Wiedergabe von Gebrauchsnamen, Handelsnamen, Warenbezeichnungen usw. in diesem Werk berechtigt auch ohne besondere Kennzeichnung nicht zu der Annhame, daß solche Namen im Sinne der Warenzeichen- und Markenschutz-Gesetzgebung als frei zu betrachten wären und daher von jedermann benutzt werden dürften.

Produkthaftung: Für Angaben über Dosierungsanweisungen und Applikationsformen kann vom Verlag keine Haftung übernommen werden. Derartige Angaben müssen vom jeweiligen Anwender im Einzelfall anhand anderer Literaturstellen auf ihre Richtigkeit überprüft werden.

SPIN: 10540337   30/3136 – 5 4 3 2 1 0   –   Gedruckt auf säurefreiem Papier

Vorwort

Verbesserungen in der Computer-Hard- und -Software haben in den letzten Jahren den weitverbreiteten Einsatz von Computer-Animation ermöglicht. Computer-Animation wurde daher ein bedeutendes Visualisierungsinstrument, dessen Potential von verschiedenen Disziplinen, wie z. B. der Film- und Werbeindustrie, der Architektur, dem Modedesign oder den Naturwissenschaften erkannt und genutzt wird.

Computer-Animation eröffnet auch für die Kartographie neue Möglichkeiten und erlaubt die schnelle und effiziente Erzeugung von Kartensequenzen, um räumliche Information dynamisch zu präsentieren. So können animierte Kartensequenzen räumliche Veränderungen direkt und unmittelbar wiedergeben, sie können darüber hinaus Information in variierender Aufbereitung und kartographischer Darstellung präsentieren und schließlich können sie Kartenobjekte sukzessiv anzeigen.

Die Frage stellt sich, ob die Kartographie diese dynamische Form der Informationsdarstellung wirklich braucht, oder ob Computer-Animation nur ein modernes Spielzeug ist. Zur Beantwortung werden wissenschaftliche wie auch gesellschaftliche Entwicklungen betrachtet.

Die Geowissenschaften haben sich von einer statusbeschreibenden in eine prozeßorientierte Wissenschaft gewandelt. Geowissenschaftler sind nicht mehr nur an dem Zustand eines Phänomens interessiert, sondern sie untersuchen vielmehr die Entwicklung und die Kräfte, die zu bestimmten Zuständen führen. Kartographische Darstellungen sind im geowissenschaftlichen Forschungsprozeß ein wichtiges Analyse- und Präsentationsinstrument. Die statische Karte kann jedoch räumliche Prozesse nicht direkt zeigen. Zwar wurden in der Kartographie verschiedene Methoden zur Darstellung räumlicher Veränderungen entwickelt, doch reduzieren alle diese Darstellungen den dynamischen Verlauf der Realität auf statische Einzelausschnitte, welche die ablaufenden Veränderungen nur unzureichend präsentieren können. Computer-Animation dagegen kann den dynamischen Aspekt von räumlichen Veränderungen und Prozessen sichtbar machen und damit die traditionelle kartographische Darstellung erweitern.

Die Geowissenschaften wurden außerdem von der Systemtheorie beeinflußt. Wissenschaftliche Untersuchungen behandeln nicht mehr nur Einzelphänomene, sondern sie betrachten den Einfluß und die Beziehungen verschiedener Phänomene. Dazu ist eine Präsentationsform notwendig, die alle erforderlichen Beziehungen zeigen kann. Statische Karten sind aufgrund ihrer begrenzten Darstellungskapazität wenig geeignet, alle diese Beziehungen darzustellen. Karten sind oft mit Information überladen, um die Gesamtheit der räumlichen und inhaltlichen Beziehungen zu zeigen. In einer animierten Kartensequenz dagegen können Kartenobjekte sukzessive in unterschiedlicher Ordnung und Reihenfolge präsentiert werden; die verschiedenen räumlichen und inhaltlichen Beziehungen werden dabei einzeln und in Kombination dargestellt und sichtbar gemacht.

Zusätzlich zu den bereits genannten Entwicklungen etablierte sich in verschiedenen wissenschaftlichen Disziplinen in den 80er Jahren die Methode der wissenschaftlichen Visualisierung. Diese wird für die Analyse von Daten eingesetzt, um Muster in Daten zu erkennen, die entweder Antworten auf Fragen geben oder die neue Fragen aufwerfen. Wissenschaftliche Visualisierung benötigt Computer-Animation, v. a. interaktive Animation, um Daten in verschiedenen Ausprägungen präsentieren zu können. Die statische Papierkarte bietet diese erforderliche Flexibilität der Informationspräsentation nicht. Sie kann Information immer nur in einer von mehreren Möglichkeiten zeigen und ist daher kein geeignetes Instrumentarium für die interaktive graphische Datenexploration.

Schließlich ist an die zukünftigen Kartennutzer zu denken - die Kinder von heute. Sie werden oft bereits als „Videogeneration" oder „Computer-Kids" bezeichnet. Diese Kinder sind mit Computern wesentlich vertrauter als mit Printmedien, und die Dynamik und Interaktivität der Computerprodukte sind für sie eine Selbstverständlichkeit. Kartographen müssen sich daher fragen, ob die traditionelle statische Papierkarte ein geeignetes Kommunikationsmedium für diese zukünftigen Nutzer ist, oder ob nicht alternative Präsentationsformen entwickelt werden müssen. Kartographische Animationen, die interaktiv zu bedienen sind, stellen eine mögliche Alternative dar.

In Anbetracht der aufgezeigten Entwicklungen wird deutlich, daß kartographische Animation mehr ist als ein nettes Spielzeug. Computer-Animation ist ein hilfreiches Visualisierungswerkzeug, um die konventionelle statische gedruckte Karte zu erweitern. Trotz dieser Möglichkeit, wird Computer-Animation in der Kartographie bisher kaum genutzt.

Das vorliegende Buch will einen Beitrag dazu leisten, das Potential der Computer-Animation für die Kartographie verfügbar zu machen. Es gibt eine Einführung in die Grundlagen der allgemeinen Computer-Animation und zeigt deren Einsatzmöglichkeiten in der Kartographie auf.

In diesem Zusammenhang möchte ich allen danken, die an der Entstehung dieses Buches beteiligt waren. Dem Springer Verlag sage ich Dank für die Veröffentlichung des Buches. Mein Dank gilt weiter Herrn Prof. Dr. Ulrich Freitag an der Freien Universität Berlin, der als mein Lehrer die Grundlagen zu diesem Buch gelegt hat. Ebenso danken möchte ich Prof. Dr. Michael P. Peterson an der University of Nebraska at Omaha, der mit kritischen Kommentaren, aber auch mit Ermutigung und Bestätigung meine Arbeiten zur kartographischen Animation begleitet hat. Ein Dankeschön geht an die Studenten meines Seminars zur kartographischen Animation an der Freien Universität Berlin, welche die beiliegende CD-ROM mit viel Engagement gestaltet haben: Stephan Braunersreuther und Thomas Enko (Animation „Entwicklung des Schnellbahnnetzes und der bebauten Fläche in Berlin und Umgebung von 1871–1993"), Andrea Jürgens (Animation „Verschmutzung von Küsten und Meeren am Beispiel von Öltankerunfällen"), Bettina Koelle (Animation „Der Aral-See: Entwicklung 1969–1992"), Andrea Siemoneit (Animation „Das Ruhrgebiet: Nordwanderung des Bergbaus und der Bevölkerungsentwicklung von 1870– 1970"). Zugleich danke ich Ralph Bredehorst (Universität Rostock), der die Einzelanimationen, allen technischen Tücken zum Trotz, in ein rundes Ganzes gebracht und für die CD-ROM aufbereitet hat. Dank auch allen meinen Kollegen an der Freien Universität Berlin und an der Universität Rostock für die vielfältige Hilfe bei der Fertigstellung des Buchmanuskriptes. Ein besonderes Dankeschön gilt meinem Mann, Werner Dransch, der mit großer Anteilnahme und fortwährender Ermutigung meine wissenschaftliche Arbeit begleitet und mit viel Geduld und tatkräftiger Unterstützung zum Gelingen dieses Buches beigetragen hat.

Inhaltsverzeichnis

1 Einführung

Neue Medien und Techniken führen zu tiefgreifenden Veränderungen im Bereich der Informationsdarstellung und Informationsaufnahme. So bewirkte die Einführung des Films und Fernsehens eine „Revolution des Optischen" (HALAS 1967), durch die das gedruckte Wort immer mehr durch Bilder als Informationsquelle abgelöst wurde. Bereits 1967 schrieb HALAS dazu: „Seit Kriegsende ... hat das Fernsehen eine Bedeutung erlangt, die sich höchstens noch mit der Verbreitung des Verbrennungsmotors vergleichen läßt. Film und Fernsehen haben alle Kommunikationsbereiche erobert, von der Unterhaltung bis zur Wissenschaft, vom Nachrichtenwesen bis zur experimentellen Kunst. Es steht fest, daß der größte Teil der Weltbevölkerung Information, Unterhaltung und Bildung in Form von bewegten Bildern bezieht, absorbiert und verarbeitet. ... Das bewegte Bild übernimmt allmählich die Rolle des gedruckten Wortes, das in jahrhundertelanger Vorherrschaft den geistigen Horizont unserer Vorfahren bestimmt hat" (S.13).

In jüngster Zeit erfährt der Bereich der Kommunikation eine weitere Revolution, nämlich durch den Einsatz des Computers. Die neue Computertechnik verbessert nicht nur die Informationsverarbeitung sondern auch die Informationsübertragung durch weltweite Vernetzung und direkten Datenaustausch sowie die Informationsdarstellung. Der Computer ermöglicht die hypermediale und multimediale Präsentation von Information, bei der Information in visueller und akustischer Form, als Text, Bild, Graphik und Ton zur Verfügung steht und vom Benutzer interaktiv entsprechend seiner Bedürfnisse abgerufen und kombiniert werden kann. Computer erlauben darüber hinaus die Erzeugung bewegter und photorealistischer Bilder mittels Computer-Animation und damit die dynamische Darstellung von Information. Außerdem ist es bereits in Ansätzen möglich, mit Hilfe des Computers virtuelle Realitäten zu erzeugen, in die der Benutzer „eintauchen" und zu deren Teil er werden kann. Damit lassen sich reale Situationen simulieren und erfahren, ohne daß der Mensch die Situation direkt erlebt.

Der Computer bietet damit eine neue Form der Informationsvermittlung. Durch den Computer wird die multimediale und interaktive Informationsdarstellung sowie die schnelle und variable Visualisierung realer wie auch abstrakter Objekte und Phänomene möglich. Die „Revolution des Optischen", die Visualisierung von Information, wird durch den Computer weiter verstärkt. FRIEDHOFF und BENZON (1989) bezeichnen den Einsatz des Computers für die Visualisierung daher auch als die zweite Computer Revolution, die der ersten Revolution, dem Einsatz des Computers als Rechen- und Produktionswerkzeug, folgt.

Visualisierung, die graphische Darstellung von raumbezogener Informationen ist Aufgabe und Gegenstand der Kartographie. Im Laufe der Zeit wurde in der Kartographie eine Vielzahl von Methoden und Techniken entwickelt, um raumbezogene Informationen in der zweidimensionalen kartographischen Darstellung wiedergeben zu können. Es entstanden verschiedene Kartentypen, ebenso wurde die Technik zur Erzeugung einer Karte immer weiter perfektioniert. Trotz dieser kontinuierlichen Entwicklungen in der Kartographie unterliegen traditionelle kartographische Darstellungen Beschränkungen, die sie in ihrer Modellfunktion wie auch in ihrer Kommunikationsfunktion begrenzen. Traditionelle kartographische Darstellungen können z.B. Information nur statisch, aber nicht dynamisch wiedergeben; damit sind räumliche Veränderungen nicht unmittelbar darstellbar. Sie können Information außerdem immer nur in einer Form wiedergeben, eine interaktive, nutzerspezifische Veränderung und Anpassung der kartographischen Darstellung ist somit nicht möglich.

Die Beschränkungen resultieren aus dem Medium der traditionellen Karte, dem Papier. Es gibt Versuche, die Beschränkungen mittels verschiedener Darstellungsmethoden (wie z.B. Zeitreihenkarten) oder durch den Wechsel des Mediums (hin zum kartographischen Film) zu umgehen. Da jedoch stets die traditionelle Papierkarte Grundlage der Darstellung ist, können die Beschränkungen nur abgeschwächt, jedoch nicht aufgehoben werden.

Computer können die kartographische Darstellung verbessern und erweitern. Sie können neue Darstellungen erzeugen, die über die Möglichkeiten der traditionellen Darstellungen hinausgehen und deren Beschränkungen aufheben.

Computer werden seit den 50er Jahren in der Kartographie eingesetzt. Sie wurden bisher hauptsächlich genutzt, um Massendaten zu verwalten und zu verarbeiten, und um den kartographischen Arbeitsprozeß zu erleichtern und zu beschleunigen. Computer dienten in erster Linie als schnelle Rechen- und Zeichengeräte, die das zeitaufwendige manuelle Erstellen kartographischer Darstellungen ablösten. Bislang wurden Computer in der Kartographie – bis auf wenige Ausnahmen wie z.B. die Verkehrsnavigation – kaum eingesetzt, um die Darbietung von Information und damit den Einsatz und die Nutzung kartographischer Darstellungen zu verbessern. Die Entwicklungen in der Computerkartographie zielten daher lange Zeit vor allem darauf hin, die Computertechnik so zu verbessern, daß die Computer-Karte immer mehr der Qualität der Papier-Karte angepaßt werden konnte.

In jüngster Zeit wird jedoch zunehmend auch das Potential des Computers für eine verbesserte Information*spräsentation* genutzt. Hypertext, Multimedia und auch Computer-Animation werden in der Kartographie für die Erzeugung neuer verbesserter Präsentationsformen eingesetzt.

Ziel des vorliegenden Buches ist, in diese neuen Entwicklungen einzuführen und das Potential der Computer-Animation für die Kartographie aufzuzeigen. Dazu soll die Technik und Methodik der Computer-Animation wie auch die Anwendung der Computer-Animation in der Kartographie vorgestellt werden.

Folgende Aspekte sind dabei zu untersuchen:

- Welche Beschränkungen weist die traditionelle kartographische Darstellung auf, die durch Computer-Animation aufgehoben oder abgeschwächt werden können?
- Welches Potential bietet die Computer-Animation für die Darstellung von Information, das die traditionelle kartographische Darstellung erweitern kann?

- Wie kann dieses zusätzliche Potential für die kartographische Informationsdarstellung genutzt werden?

Außerdem ist zu klären:

- Welche Methoden und Techniken werden in der allgemeinen Computer-Animation eingesetzt?
- Wie sind diese Methoden und Techniken in der kartographischen Computer-Animation anzuwenden?

Zur Beantwortung dieser Fragen werden im ersten Teil des Buches die Beschränkungen traditioneller kartographischer Darstellungen aufgezeigt.

Ihm folgt eine kurze Einführung in die Computer-Animation, in der das Prinzip und die Charakteristika dieser Darstellungsform vorgestellt werden.

Die für die Computer-Animation typischen Darstellungsmittel werden im folgenden auf ihre Anwendung in der Kartographie hin analysiert; dabei wird untersucht, wie diese Mittel für eine bessere Darbietung räumlicher Information eingesetzt werden können.

Aus dieser Analyse werden zwei grundsätzliche Anwendungsbereiche der Computer-Animation in der Kartographie abgeleitet:

- die dynamische Darstellung georäumlicher Veränderungen, die als temporale Animation definiert wird, und
- die variable Darstellung georäumlicher Information, die als nontemporale Animation beschrieben wird.

Schließlich wird aufgezeigt, wie die kartographische Computer-Animation die Funktionen der kartographischen Darstellung im geowissenschaftlichen Forschungsprozeß verbessern kann.

Im Weiteren werden theoretische und methodische Voraussetzungen für die Erstellung einer kartographischen Animation geschaffen. Dazu werden die Grundlagen der allgemeinen Computer-Animation, die Komponenten einer Computer-Animation, der Erstellungsprozeß sowie die verschiedenen Animationstechniken, vorgestellt. Aus ihnen werden die spezifischer Grundlagen der temporalen wie auch der nontemporalen kartographischen Animation abgeleitet.

Die Anwendung der theoretischen und methodischen Konzepte wird abschließend an konkreten Beispielanimation aufgezeigt. Es werden die Konzeption und Erzeugung der Animationen wie auch die dabei auftretenden Probleme beschrieben. Ergänzend wird ein Überblick über Aufbau und allgemeine Leistungsmerkmale von Animationssoftware gegeben.

2 Kartographische Darstellungen und Computer-Animation

2.1
Kartographische Darstellungen

2.1.1
Kartographische Darstellungen als Modelle des Georaumes

Die gedankliche Erfassung des Georaumes ist aufgrund seiner Ausdehnung und Komplexität nicht am Original möglich. In den geowissenschaftlichen Disziplinen werden deshalb mathematische, physikalische, statistische, mechanische und graphische Modelle eingesetzt, um Erkenntnisse über den Georaum zu gewinnen und zu vermitteln. Modelle werden für einen bestimmten Zweck erstellt, sie besitzen daher all jene Merkmale des Originals, die für die definierte Aufgabenstellung von Bedeutung sind, und lassen die Merkmale des Originals weg, die die direkte Bearbeitung des Originals verhindern. Modelle müssen eine Struktur-, Funktions- oder Verhaltensanalogie zu dem entsprechenden Original aufweisen (KLAUS, BUHR 1975).

Die wohl ältesten Modelle des Georaumes sind kartographische Darstellungen. Bereits die Völker der Frühzeit bildeten ihre Umgebung nach ihrem Wissens- und Kenntnisstand in kartenähnlicher Form ab. Diese Darstellungen wurden aus Stein, Holz, Leder oder Knochen gefertigt. Sie waren wichtige Informationsträger, die der räumlichen Orientierung dienten und für Wanderungen, Handel und Kriegsführung unverzichtbar waren.

Kartographische Darstellungen wurden mit zunehmender Kenntnis des Raumes und der Mathematik zu immer genaueren Modellen der Realität weiterentwickelt. Inzwischen dienen Karten nicht mehr nur der Wiedergabe sichtbarer Objekte und Phänomene des Raumes, sie werden zunehmend als Träger raumbezogener Ideen und Konzepte eingesetzt.

Von besonderer Bedeutung sind die kartographischen Modelle aufgrund ihrer Möglichkeit, „mit einem Blick zugleich verschiedene Objekte und Erscheinungen zu erfassen, die über Gebietsflächen verteilt sind und unter Berücksichtigung ihrer Maße und Besonderheiten, ihre gegenseitige räumliche Lage zu beurteilen" (GEDYMIN 1955:50). Kartographische Darstellungen sind somit die Modelle, die die „adäquateste Analogie mit den in ihnen modellierten Systemen hinsichtlich der Abbildung räumlicher Strukturen zeigen" (PAPAY 1973:234).

Kartographische Modelle sind aufgrund dieses chorographischen Charakters wichtige Mittel für die Erkenntnisgewinnung über den Raum und das Handeln im Raum. Sie erfüllen dabei verschiedene Funktionen:

Zum einen dienen kartographische Darstellungen der Speicherung und Weitergabe von Wissen. Solche Darstellungen dokumentieren Geoobjekte in einem bestimmten Zustand und ihre Verteilung im Raum. Hauptfunktion dieser Darstellungen ist die Wissenspräsentation.

Darüber hinaus werden kartographische Darstellungen als Mittel für die Gewinnung neuer Erkenntnisse eingesetzt. Sie werden als Analyseinstrument für die Untersuchung von Raumstrukturen herangezogen, um über deren Art, Korrelationen und Entwicklungen Aussagen treffen zu können. Auch dienen sie als Grundlage für die Ableitung mathematischer Raummodelle.

Eine weitere Funktion kartographischer Darstellungen ist die Lenkung des menschlichen Handelns im Raum. Kartographische Darstellungen orientieren über Objekte im Raum und ermöglichen somit die Orts- und Wegfindung. Außerdem werden sie als wichtige Entscheidungshilfen zur Darstellung und Bewertung zukünftiger räumlicher Planungsvorhaben eingesetzt.

Die hier zusammengefaßt genannten Funktionen (vgl. FREITAG 1993) können kartographische Darstellungen nur dann erfüllen, wenn sie effektive, d.h. genaue und auf die Bedürfnisse des Nutzers ausgerichtete Modelle sind. Dieser Forderung können traditionelle kartographische Darstellungen jedoch nicht immer in vollem Umfang gerecht werden.

2.1.2
Beschränkungen traditioneller kartographischer Darstellungen

Kartographische Darstellungen unterliegen Beschränkungen, die ihre Modellfunktion beeinträchtigen. Diese Beschränkungen resultieren aus verschiedenen Merkmalen traditioneller kartographischer Darstellungen. Die einschränkenden Merkmale, die sich auf die Struktur kartographischer Darstellungen beziehen, wurden bereits von HETTNER (1910) und FREITAG (1966) aufgezeigt. Beide beschreiben den „*statischen*" und „*isolierenden* Charakter" der Karte, der aus der Abbildung des vierdimensionalen Georaumes – den drei Raumdimensionen und der Zeitdimension – in die zweidimensionale Kartenebene resultiert. Darüber hinaus sind jedoch noch weitere einschränkende Merkmale zu erkennen, die sich aus dem traditionellen Kartenerstellungs- und Kommunikationsprozeß ergeben. Kartographische Darstellungen sind *selektiv*; sie zeigen Daten immer nur in *einer* von mehreren möglichen Darstellungsformen. Außerdem sind traditionelle kartographische Darstellungen *passiv*, da sie dem Kartennutzer nicht erlauben, die gedruckte Karte entsprechend seiner individuellen Bedürfnisse interaktiv zu nutzen und zu verändern.

Der statische Charakter

Eine wesentliche Beschränkung traditioneller kartographischer Darstellungen resultiert aus ihrem statischen Charakter. Kartographische Darstellungen können nur Raumzustände zeigen, die unmittelbare Wiedergabe eines Zeitablaufes ist nicht möglich. Die Schwierigkeit, Zustandsänderungen zu zeigen, hat dazu geführt, daß die Zeitkomponente in kartographischen Darstellungen vielfach nicht wiedergegeben wird. „By making static maps ... cartographers may simplify their job but they largely ignore the fact, that time is a vital part of the world" (MUEHRCKE 1978:128).

Die Momentaufnahme eines Raumzustandes, wie sie in der kartographischen Darstellung erfolgt, ist jedoch unzureichend, denn nicht der *Zustand* ist das Dauernde, „im Grunde genommen bleibt nur der *Prozeß* als das Dauernde, während sich die Sachverhalte im Laufe des Prozesses ändern" (WIRTH 1979:188). Da die Momentaufnahme eines Zustandes ein unvollständiges, oft auch falsches Bild vermittelt, wurden in der Kartographie verschiedene Darstellungsmethoden entwickelt, die die Dynamik der Realität wiederzugeben versuchen. Eine Übersicht über die verschiedenen Methoden ist bei BÄR (1976) zu finden.

Es wurden Bewegungssignaturen entworfen, die die Lageveränderung von Objekten in der Zeit zeigen sollen. Entwicklungen sollen durch die Gegenüberstellung verschiedener Zustände in mehreren Karten (Zeitreihenkarten) oder durch die Darstellung verschiedener Zustände in einer Karte zum Ausdruck gebracht werden. Darüber hinaus gibt es die Möglichkeit, nicht einzelne Zustände, sondern die Veränderung selbst als Differenz zwischen zwei Zuständen zu zeigen. Alle diese Darstellungen bleiben jedoch statisch. Zwar vermitteln sie einen Eindruck von den Veränderungen, doch können sie die Dynamik der Veränderungen, ob sprunghaft oder kontinuierlich, stetig oder unstetig usw., nicht wiedergeben.

Der isolierende Charakter

Eine weitere Beschränkung traditioneller kartographischer Darstellungen ergibt sich aus ihrem isolierenden Charakter. Die Abbildung des Georaumes in die zweidimensionale, in ihrer Ausdehnung begrenzte Kartenfläche führt dazu, daß nur ein Teil der Geoobjekte und ihrer Merkmale durch Kartenzeichen repräsentiert werden kann (FREITAG 1966). Jedes Geoobjekt muß entsprechend seiner geometrischen Dimension (Punkt, Linie oder Fläche), seiner Lage und seiner substantiellen Attribute durch ein graphisches Zeichen in der Abbildungsfläche verortet werden. Ein Zeichen kann immer nur ein Objekt unter einem bestimmten Aspekt repräsentieren. Da eine beliebige Schichtung von Zeichen hinsichtlich ihrer Unterscheidbarkeit und Lesbarkeit nicht möglich ist, ist es „kartographischen Darstellungen versagt, die Gesamtheit der an einem Ort vereinigten Erscheinungen, welche zusammen das Wesen der Örtlichkeit oder Landschaft ausmachen, zu erfassen" (HETTNER 1910:27). Dies hat zur Folge, daß das Gesamtsystem im kartographischen Modell auf einzelne Objekte und einzelne räumliche, kausale oder funktionale Beziehungen reduziert wird und die Systemzusammenhänge aufgelöst werden. Damit ist jedoch die Betrachtung und Analyse des gesamten Wirkungsgefüges nicht mehr möglich. Die inhaltliche Isolierung kartographischer Darstellungen steht im Gegensatz zum heutigen systemorientierten Ansatz in der Wissenschaft, der die ganzheitliche Betrachtung von Elementen und ihren Wechselbeziehungen fordert. Zur Überwindung dieses Nachteils kartographischer Darstellungen wurden verschiedene Präsentationsformen entwickelt, die die Integration mehrerer Informationsebenen ermöglichen sollen.

Eine Präsentationsform ist die Mehrschichtenkarte, in der mehrere zueinander in Beziehung stehende Informationsschichten graphisch übereinandergelegt werden. Diese Informationsschichten soll der Kartenbenutzer in einem „additiven Denkprozeß ... summieren, um die Ursache und Wirkung, die gegenseitige Abhängigkeit und Struktur der Elemente zu erkennen und ablaufende Prozesse zu erklären" (UTHE 1985:7). Eine andere Möglichkeit ist die Darstellung der verschiedenen Informationsschichten in Einzelkarten, die entweder in einer Kartenreihe nebeneinander oder auf transparenten Deckblättern (Oleatenkarte) übereinander gelegt werden. Der Kartennutzer muß in einem gedanklichen Prozeß die Einzelkarten in einer Synthese verknüpfen. Eine dritte Möglichkeit ist, die erforderliche Synthese mit Hilfe statistischer Verfahren bereits vor der graphischen Darstellung bei den Ausgangsdaten durchzuführen (ARNBERGER 1977, IMHOF 1972, WITT 1970).

Nachteil dieser Darstellungen ist, daß sie entweder sehr komplex sind, wie die Mehrschichtenkarte oder die Synthesekarte, und dadurch die Wahrnehmung wie auch die Interpretation beeinträchtigt werden können (BOLLMANN 1981), oder daß die gedankliche Verknüpfung mehrerer Einzelkarten nur begrenzt und in unterschiedlichem Maße vom Nutzer geleistet werden kann.

Zu der inhaltlichen Isolierung kartographischer Darstellungen tritt eine räumliche Isolierung, da nur Ausschnitte des Raumes gezeigt werden können und damit Raumstrukturen und -zusammenhänge aufgelöst werden müssen. Inhaltliche und räumliche Isolierung stehen in enger ursächlicher Beziehung. Die Abbildung des Georaumes in die begrenzte Kartenfläche erfordert, wie bereits ausgeführt, eine Verkleinerung und damit auch eine Reduzierung der Realität. Diese Reduzierung (Generalisierung) kann inhaltlich und/oder räumlich sein und unterschiedlich gewichtet vorgenommen werden. Soll die räumliche Isolierung möglichst gering sein, also ein sehr großer Raumausschnitt gezeigt werden, ist eine starke inhaltliche Reduzierung erforderlich. Umgekehrt ist eine starke räumliche Isolierung notwendig, wenn eine größere Inhaltsdichte erreicht werden soll. Auch Nebenkarten mit kleinerem Maßstab und größerem Raumausschnitt dienen nur zur Einordnung der Teilräume in ein größeres Raumgefüge; sie können den räumlich isolierenden Charakter nur in geringem Maße abschwächen.

Der selektive Charakter

Eine dritte Beschränkung traditioneller kartographischer Darstellungen resultiert aus ihrem selektiven Charakter. Traditionelle kartographische Darstellungen können Daten immer nur in *einer* von mehreren möglichen Formen zeigen.

Die Modellierung der Realität in einer kartographischen Darstellung erfordert die Transformation der Geoobjekte und ihrer Merkmale in ein graphisches Modell. Diese Transformation erfolgt in einer Reihe von Teilprozessen, in denen die Auswahl der Daten, die Auswahl des Maßstabes, die Auswahl der geometrischen und inhaltlichen Generalisierung und Klassifizierung sowie die Auswahl des Darstellungstyps und der graphischen Gestaltung vorgenommen und durchgeführt wird. In jedem dieser Teilprozesse muß der Kartenautor Entscheidungen bezüglich der Verarbeitung seiner Daten treffen. Diese Entscheidungen orientieren sich zwar an der Kartenfunktion und an allgemeinen zeichentheoretischen Grundsätzen, doch sind sie innerhalb dieses Rahmens *subjektive* Entscheidungen des Kartenautors. Die Teilprozesse können daher als Filter betrachtet werden, die die Informationen entsprechend den Entscheidungen des Autors selektieren und dem Kartennutzer präsentieren. Da der Gesamtprozeß der kartographischen Modellierung als eine Folge hintereinandergeschalteter Filter gesehen werden kann, ist das Ergebnis kein *absolutes* Modell der Realität sondern ein *mögliches*, das durch die individuellen Entscheidungen des Kartenautors geprägt ist.

Jede kartographische Darstellungsmethode hat spezifische Eigenschaften, die die Struktur der zu präsentierenden Information in unterschiedlicher Weise wiedergeben können. So kann z.B. eine Diagrammkarte dem Benutzer schnell einen Überblick über die absoluten Werte, aber nur einen groben Eindruck über deren Verteilung geben. Eine Punktverteilungskarte dagegen zeigt die Verteilung und damit das Raummuster viel detaillierter, dafür müssen die Absolutwerte erst errechnet werden. Eine stark inhaltlich generalisierte kartographische Darstellung mit nur zwei Klassen kann allgemeine Tendenzen besser zeigen als eine weniger stark generalisierte, diese eignet sich jedoch, um individuelle Abweichungen sichtbar zu machen.

Aufgrund dieser spezifischen Eigenschaften sind kartographische Darstellungen in unterschiedlichem Maße für die Wiedergabe bestimmter Merkmale der Daten geeignet. Jede einzelne kartographische Darstellung kann nur einen bestimmten Aspekt der Daten und ihrer Merkmale zeigen, einen umfassenden Überblick über die gesamte Information kann sie nicht geben. MONMONIER weist in diesem Zusammenhang auf das „kartographische Paradoxon" hin: „to present a useful and truthful picture, an accurate map must tell white lies. ... Maps must lie, but they can lie in different ways" (MONMONIER 1991a:1, 1991b:5).

Einen umfassenden Einblick in die Datenstruktur können daher nur mehrere unterschiedliche kartographische Darstellungen geben. Sie können jedoch aufgrund ihrer zeit- und kostenintensiven traditionellen Herstellung meist nicht erstellt werden.

Der passive Charakter

Die weitere Beschränkung traditioneller kartographischer Darstellungen resultiert aus ihrem passiven Charakter. Traditionelle kartographische Darstellungen sind keine interaktiven Kommunikationsmittel, sie können vom Benutzer nicht nutzungsorientiert verändert werden.

Kartographische Darstellungen sind Träger der Information im kartographischen Kommunikationsprozeß; sein Ziel ist, „von einem beliebigen Punkt P der Erdoberfläche eine Abbildung P' zu schaffen, die dazu dienen sollte, bei dem Betrachter der Abbildung eine möglichst genaue Vorstellung des beliebigen Punktes P hervorzurufen" (FREITAG 1971, S. 172), um dem Betrachter damit zielgerichtete Handlungen und Entscheidungen im Raum zu ermöglichen. Dieses Ziel kann nur erreicht werden, wenn kartographisch korrekte und auf das Bedürfnis des Nutzers ausgerichtete Darstellungen eingesetzt werden. Traditionelle kartographische Darstellungen können jedoch nur bis zu einem bestimmten Grad nutzer- und nutzungsorientiert sein. In der traditionellen Kartographie erfolgt die Erstellung und Nutzung kartographischer Produkte in der Regel durch verschiedene Personen in zwei voneinander getrennten Prozessen. Der Kartenautor kann daher kartographische Darstellungen nur für einen *Nutzertyp*, nicht jedoch für den individuellen Nutzer mit individuellen Anforderungen erzeugen, da er die Bedürfnisse des einzelnen Kartennutzers nicht genau kennt. Traditionelle kartographische Darstellungen sind daher nur begrenzt effiziente Kommunikationsmittel.

Die genannten Beschränkungen traditioneller kartographischer Darstellungen lassen sich auf das Medium der Karte, das Papier, und die damit verbundenen Zeichen- und Reproduktionstechniken zurückführen.

Medium und Information stehen in engem Zusammenhang. Das Medium determiniert, in welcher Form Information präsentiert werden kann, z.B. als Standbild auf einem Photo oder als Bewegtbild im Film. Durch die Präsentationsform ist außerdem die Art der Information, die wiedergegeben werden kann, festgelegt. So kann ein Photo nur einen Zustand, ein Film dagegen Bewegung, Prozesse, Entwicklungen zeigen. Das Medium beeinflußt somit in hohem Maße die zu übermittelnde Information. „The Medium is the Message", wie MCLUHAN (1967) diese Abhängigkeit überspitzt in dem Titel eines seiner Bücher formuliert.

Papier, das Medium der traditionellen kartographischen Darstellung, ist statisch und passiv, und es kann aus Gründen der Lesbarkeit nur eine begrenzte Menge an Information zeigen. Die Herstellung einer kartographischen Darstellung auf Papier mit traditionellen Zeichen- und Reproduktionstechniken ist außerdem sehr zeit- und kostenaufwendig, so daß in der Regel nur *eine* Karte ohne Alternativdarstellungen erzeugt wird.

Die Beschränkungen traditioneller kartographischer Darstellungen können nur aufgehoben werden, wenn sich die determinierenden Bedingungen, nämlich das Medium und die damit verbundenen Techniken, ändern.

Ein Ansatz dazu ist in den kartographischen Filmen (BEHRMANN 1941, THROWER 1959) zu sehen. Mit der Hinwendung zum Medium Film konnte der statische Charakter der Papierkarte aufgehoben und eine dynamische Präsentationsform erreicht werden. Die anderen Beschränkungen der traditionellen kartographischen Darstellung blieben jedoch erhalten. Mit der Entwicklung der Computertechnik entstand in jüngster Zeit eine neues Medium, das neue Möglichkeiten für die kartographische Darstellung bietet.

2.2
Computer-Animation

2.2.1
Definition und perzeptive Grundlagen

Definition

Der Begriff „Animation" hat seinen Ursprung im lateinischen Wort „animare", das „beleben" bedeutet. Im Bereich der Graphik bedeutet Animation die Erzeugung belebter Bilder. Sie entstehen dadurch, daß Objekte in aufeinanderfolgenden Bildern derart variieren, daß bei schneller Betrachtung (ca. 24 Bilder pro Sekunde) eine fließende Bewegung oder Veränderung sichtbar wird. Verändert werden können dabei die Graphikobjekte, die Kameraposition oder die Beleuchtung. Animation wird im Bereich der „Motion Pictures" beschrieben als eine „planvoll angelegte Bewegungssequenz statischer Objekte oder Zeichnungen,... die der Gesichtssinn beim Vorführen mit genormter Geschwindigkeit als Bewegungsvorgang sieht" (WILLIM 1989:316). Alle Zeichentrickfilme basieren auf dieser Grundlage.

Computer-Animation ist dementsprechend die *rechnergestützte* Erstellung von bewegten Bildern. Dabei werden sowohl die einzelnen Bilder wie auch die gesamte Animation am Computer modelliert und generiert. Computer-Animation kann demnach folgendermaßen definiert werden:

Computer-Animation (CA) ist eine vollständig am Computer generierte Bildsequenz aus sich sukzessiv verändernden Darstellungen. Die Veränderungen stehen in einem logischen Kontext und können sich auf alle bildbeschreibenden Parameter beziehen.

Perzeptive Grundlagen

Das Prinzip der Animation, mittels einer Sequenz variierender Bilder fließende Bewegung oder Veränderung darzustellen, basiert auf perzeptiven Vorgängen. WERTHEIMER (1912) nannte sie das Phi-Phänomen. Dieses Phänomen beruht auf der Tatsache, daß das Auge nicht in der Lage ist, in einer Sequenz leicht variierender Bilder, die in schneller Folge auf die Retina projiziert wird, *einzelne* Bilder wahrzunehmen. Die Sequenz wird als ein zusammenhängendes Ganzes wahrgenommen, in dem eine kontinuierliche Veränderung abläuft. Diese scheinbar kontinuierliche Veränderung wird auch als „Scheinbewegung" (VERNON 1970, MARR 1982, ROCK 1985) bezeichnet.

WERTHEIMER (1912) zeigte, daß schon zwei einfache Reize (z.B. Punkte oder Linien), die in kurzem Zeitabstand nacheinander an verschiedenen Stellen dargeboten werden, bei Versuchspersonen häufig den Eindruck erweckten, ein einzelner Punkt oder eine einzelne Linie bewege sich vom Punkt der ersten zum Punkt der zweiten Darbietung. Zusätzlich zu diesen einfachen Scheinbewegungen ist es auch möglich, komplexe Scheinbewegungen wahrzunehmen. So kann zwischen Reizen unterschiedlicher Form eine Bewegung gesehen werden, wenn eine topologische Formveränderung möglich ist, z.B. eine Raute, die sich zu einem Kreis verzerren läßt (SQUIRES 1959). Die Wahrnehmung dieser Scheinbewegung ist von der Reizintensität, der Distanz und dem Zeitintervall zwischen den Reizen abhängig (KORTE 1915).

2.2.2
Entwicklung und Anwendung

Die erste Bildanimation wurde 1831 von dem Franzosen Joseph Antoine Plateau erstellt. Er erzeugt die Illusion von Bewegung mit Hilfe eines Phenakistoskops, das aus einer sich drehenden Scheibe mit variierenden Bildern sowie verschiedenen Fenstern bestand, die den Blick auf die Bilder lenkten. Die Idee des Phenakistoskops wurde in den folgenden Jahren immer wieder aufgegriffen, variiert und erweitert.

Der erste animierte Film mit dem Titel „Humorous Phases of a Funny Face" entstand 1906. Dazu wurden mehrere einzelne Bilder erzeugt, die hintereinander gefilmt wurden. 1909 wurde der erste Zeichentrickfilm „Gertie the Trained Dinosaur" produziert. Ihm folgten zwischen 1913 und 1917 mehrere Zeichentrickserien wie z.B. „Felix the Cat".

Der große Durchbruch des Zeichentrickfilmes kam jedoch erst mit Walt Disney und seinen Filmen „Mickey Mouse" und „Donald Duck". Der 1928 entstandene Film „Mickey Mouse" war der erste vollkommen mit Ton synchronisierte Zeichentrickfilm (RHODE 1976, GIESEN 1982, MAGNENAT-THALMANN et al. 1990).

Der Grundstein für die Computer-Animation wurde 1951 mit der ersten bewegten Computer-Graphik, einem springenden Ball, gelegt (WILLIM 1989). In den folgenden Jahren entstanden eine Reihe von computerunterstützten Kurzfilmen, die jedoch aufgrund fehlender Animationsprogramme und leistungsfähiger Hardware Computer-Graphik mit Techniken des traditionellen Trickfilms kombinieren mußten. Verbesserungen in der Hardware, wie die Entwicklung eines Graphikterminals, trugen Ende der 60er Jahre entscheidend dazu bei, daß Computer-Animation weiter entwickelt werden konnte. 1982 kam zum erstenmal ein Film ins Kino („TRON"), in dem 15 Minuten Spielzeit vollständig über CA generiert worden waren.

Die breite Anwendung von Computer-Animation wurde jedoch erst Mitte der 80er Jahre durch effiziente Hard- und Software möglich, die den Einsatz der CA wirtschaftlich machten. Seitdem wurden die Animationsmethoden, -techniken und auch -programme ständig verbessert. Inzwischen ist die Generierung photorealistischer Bilder sowie die Erzeugung synthetischer Personen möglich, und es können Fahr- bzw. Flugsituationen simuliert werden. Die neuesten Entwicklungen in der CA zielen auf virtuelle Realitäten hin, die der Mensch schaffen und mit denen er über geeignete Schnittstellen (wie Handschuhe, Anzug und Sichtgerät) in Kontakt treten kann.

CA wird in unterschiedlichen Gebieten eingesetzt. In ihren Anfängen wurde sie nahezu ausschließlich von der Unterhaltungsindustrie genutzt. Diese ist heute ohne CA kaum noch vorstellbar. Werbespots, Musikvideos, Firmen- und Sende-logos und auch Sequenzen von Kinofilmen (Terminator, Jurassic Parc, Toy Story) werden immer häufiger über Computer-Animation erzeugt. Nicht zu vergessen sind auch die vielen Computerspiele, in denen Computer-Animation ein wesentli-cher Bestandteil ist.

Inzwischen wurde das Potential der Animation für alle Bereiche der graphi-schen Informationsdarstellung und -vermittlung entdeckt. CA findet seither in der Industrie wie auch in der Wissenschaft als nützliches Visualisierungsinstrument immer breitere Anwendung.

Der industrielle Einsatz von Computer-Animation liegt vor allem im Bereich des Produkt-Designs. Produkt-Design wird inzwischen meist am Computer mit entsprechenden CAD- und Animationsprogrammen durchgeführt. In Architektur und Stadtplanung werden animierte Bildsequenzen eingesetzt, um dem Auftrag-geber bereits in der Planungsphase eine möglichst reale Vorstellung eines Bau-vorhabens zu vermitteln. Die animierten Gebäude können durch Veränderung der Betrachtungsposition „durchwandert" werden, und es kann geprüft werden, wie sie sich in die Umgebung einfügen. Die Modebranche nutzt CA, um an syntheti-schen Mannequins Kleidungsstücke zu entwerfen und diese zugleich auf ihre Tragbarkeit und Paßform zu überprüfen.

Computer-Animation findet auch für wissenschaftliche Zwecke ein immer breiteres Anwendungsfeld. CA wird in unterschiedlichen Disziplinen eingesetzt, um Daten, Phänomene und Prozesse graphisch darstellen, d.h. visualisieren zu können. Ziel der wissenschaftlichen Visualisierung ist es, Phänomene, die nicht unmittelbar abbildbar sind, dennoch visuell zugänglich zu machen, um einen besseren Einblick in die Phänomene gewinnen und Zusammenhänge und Vorgän-ge besser analysieren und verstehen zu können (FRIEDHOFF, BENZON 1989, STANKOWSKI 1989). In der „Scientific visualization" ist ein eigener For-schungszweig entstanden. Wissenschaftliche Visualisierung basiert auf der Er-kenntnis, daß der Mensch in der Lage ist, mit seinem Sehsinn auch in scheinbar unstrukturierten Bildern Muster und Strukturen zu erkennen. Die graphische Dar-stellung kann somit zu einem Analyseinstrument im wissenschaftlichen For-schungsprozeß werden, und helfen, Fragen zu beantworten, Thesen zu bestätigen und neue Fragen und Thesen zu formulieren (BRODLIE et al. 1992). Computer-Animation als dynamische Darstellungsform ist ein wesentlicher Bestandteil der wissenschaftlichen Visualisierung.

2.3
Computer-Animation für die kartographische Darstellung

2.3.1
Erweiterung der kartographischen Darstellung
durch Computer-Animation

Computer werden seit rund 30 Jahren in der Kartographie eingesetzt. Sie werden hauptsächlich verwendet, um zeit- und arbeitsintensive Aufgaben im traditionellen Kartenerstellungsprozeß zu übernehmen. Sie führen aufwendige Berechnungen der Daten durch und übernehmen das Zeichnen. Interaktive Computersysteme helfen dem Kartenautor bei der Kartengestaltung und ermöglichen die direkte Übertragung der Karte vom Bildschirm zu weiteren Ausgabegeräten wie Drucker, Plotter oder Laserbelichter. Der Einsatz des Computers in der Kartographie beschränkte sich bislang weitgehend auf die Erstellung traditioneller kartographischer Darstellungen, ob auf Papier oder auf dem Bildschirm. „Despite the development of powerful computer display capabilities and despite periodic calls by cartographers for their innovative use in map display most computer maps have been designed to mimic paper maps" (CAMPBELL, EGBERT 1990:24).

Die Möglichkeiten des Computers für eine verbesserte *Darstellung* von Information werden zunehmend jedoch auch in der Kartographie erkannt. Mit Multimedia, Hypertext und Computer-Animation können Darstellungsformen entwickelt werden, die die Beschränkungen der für das Papier entwickelten traditionellen Darstellungen aufheben. „Digital technology does indeed have the potential to simulate a revolution in cartography. ... The most significant impact of digital methods on cartography will occur when the field evolves to fit the constraints of the new technology and moves beyond its traditional limitations" (GOODCHILD 1988:318,312). Am Beispiel der Computer-Animation wird im folgenden das Potential des Computers für die kartographische Darstellung von Information aufgezeigt.

Der Computer als neues Werkzeug und neues Präsentationsmedium erlaubt es, die für die Animation erforderliche hohe Anzahl kartographischer Darstellungen in kürzester Zeit zu generieren und zu präsentieren. Damit wird die wirtschaftliche Herstellung und die breite Anwendung kartographischer Animation möglich.

Computer-Animation erweitert die Darstellungsmöglichkeiten der Kartographie. CA ist – im Gegensatz zur traditionellen kartographischen Darstellung – eine *sequentielle* Präsentationsform. Sie zeigt eine *Folge* von variierenden Darstellungen in einem bestimmten *Zeitintervall*. Mit Hilfe der CA kann der chorographische Charakter der kartographischen Darstellung durch den sequentiellen Charakter der Animation ergänzt werden; die *gleichzeitige* Darstellung räumlicher Sachverhalte wird mit der *fortlaufenden* in *einer* Darstellungsform vereint. Damit steht der Kartographie zur Visualisierung geowissenschaftlicher Sachverhalte neben den zwei Dimensionen der Abbildungsebene und den graphischen Variablen ein weiteres Ausdrucksmittel zur Verfügung, nämlich die *Präsentationszeit*. Animation erweitert also die Kartographie um eine zusätzliche Dimension; GERSMEHL

(1990) nennt kartographische Animation daher auch „vierdimensionale Kartographie".

Die sequentielle Präsentationsform der Animation bietet der Kartographie die Möglichkeit, Daten dynamisch darzustellen. Interaktive Animation erlaubt darüber hinaus die aktive Erstellung und Veränderung der Animation durch den Benutzer. Das gesamte Potential der CA für die Kartographie wird deutlich, wenn eine systematische Analyse der Anwendungsmöglichkeiten durchgeführt wird.

2.3.2
Anwendungsmöglichkeiten der Computer-Animation: temporale und nontemporale Animation

Die Präsentationszeit wird in der Animation eingesetzt, um durch gezielte Veränderungen von einem Bild zum nächsten dem Benutzer eine bestimmte Information zu übermitteln. So werden im Unterhaltungstrickfilm Präsentationszeit und Veränderungen genutzt, um dem Zuschauer Handlungen zu zeigen und eine Geschichte zu erzählen.

In der kartographischen Animation werden Präsentationszeit und Veränderungen bisher in erster Linie für die Darstellungen von Veränderungen im Raum herangezogen. Darüber hinaus sind jedoch noch weitere Anwendungen der Animation in der Kartographie möglich, die einer verbesserten Informationsübermittlung dienen. Um die gesamten Möglichkeiten der kartographischen Animation erkennen zu können, ist es erforderlich, die potentiellen Veränderungen in einer kartographischen Animation aufzuzeigen, um daraus die verschiedenen Einsatzbereiche der Animation abzuleiten.

Die Veränderungen in einer Animation können sich laut Definition auf alle bildbeschreibenden Parameter beziehen, sie müssen jedoch in einem logischen Kontext stehen. Die Veränderungen, die in einer kartographischen Animation auftreten können, ergeben sich also aus den bildbeschreibenden Parametern einer kartographischen Darstellung. Kartographische Darstellungen sind graphische Repräsentationen eines georäumlichen Datenmodells. Daher bestimmen Datenauswahl, Datenverarbeitung und die ausgewählte Graphik die kartographische Darstellung. Die bildbeschreibenden Parameter einer Karte resultieren dementsprechend zum einen aus dem Datenmodell und zum anderen aus dem Graphikmodell. In der kartographischen Animation können sich die Veränderungen in einer Animation daher sowohl auf das Datenmodell, nämlich die Daten selbst oder die Datenaufbereitung, wie auch auf das Graphikmodell beziehen.

Die Präsentationszeit kann in einer kartographischen Animation daher eingesetzt werden, um

- Veränderungen des Georaumes in einem definierten Zeitintervall wiederzugeben, und um
- Daten eines bestimmten Zeitpunktes in variierender Datenaufbereitung sowie in variierenden graphischen Darstellungen zu zeigen.

Entsprechend dieser Differenzierung werden im folgenden zwei Typen der kartographischen CA unterschieden:

A) die *temporale Animation,* die Veränderungen von räumlichen Daten in einem Zeitintervall zeigt, und

B) die *nontemporale Animation,* die räumliche Daten eines Zeitpunktes in unterschiedlicher Aufbereitung und graphischer Darstellung wiedergibt.

Die *temporale* Animation ermöglicht die *dynamische* Darstellung räumlicher Prozesse und damit die unmittelbare Wiedergabe dieser Prozesse. Die *nontemporale* Animation ermöglicht die *variable* Visualisierung räumlicher Daten und damit eine vielseitige und umfassende Repräsentation dieser Daten. Durch die variable Repräsentation der Daten kann die Kognition und somit auch die Erkenntnisgewinnung verbessert werden.

Mit Hilfe der kartographischen Variablen Zeit können somit Darstellungen erzeugt werden, die über das Potential traditioneller kartographischer Darstellungen hinausreichen und die deren Beschränkungen reduzieren. Kartographische Computer-Animation wird dadurch zu einem hilfreichen Visualisierungsinstrument, das kartographische Darstellungen verbessert und damit ihre Anwendungsmöglichkeiten im gesamten geowissenschaftlichen Arbeitsprozeß erweitert.

2.4
Kartographische Computer-Animation im geowissenschaftlichen Forschungsprozeß

2.4.1 Funktionen der kartographischen Computer-Animation

Der wissenschaftliche Forschungsprozeß läßt sich als zyklisches, iteratives Modell beschreiben (WATSON 1990), in dem der Wissenschaftler Einblick in das zu untersuchende Phänomen gewinnt, daraus eine Hypothese formuliert, Daten sammelt und auswertet, das Ergebnis interpretiert und überprüft und den Prozeß erneut durchläuft, um dabei die Ergebnisse zu verbessern (Abb. 1).

Die Visualisierung von Daten kann den Wissenschaftler in diesem Prozeß unterstützen. Mit Hilfe der Visualisierung kann ein erster Eindruck über ein Phänomen gewonnen und es können Hypothesen getestet werden. Außerdem können Ergebnisse anderen verständlich präsentiert werden. Das Potential des Computers für die graphische Darstellung führt dazu, daß die Visualisierung von Daten und Phänomenen im wissenschaftlichen Forschungsprozeß eine immer größere Bedeutung gewinnt.

Die Visualisierung von Daten erfolgt in den geowissenschaftlichen Disziplinen nicht erst seit dem Einsatz von Computern. Seit jeher werden im geowissenschaftlichen Forschungsprozeß kartographische Darstellungen für die Erkenntnisgewinnung wie auch für die Demonstration von Ergebnissen eingesetzt. Computer-Graphik verbessert jedoch das Potential der kartographischen Darstellung in außerordentlicher Weise. Sie erweitert vor allem das Potential karto-

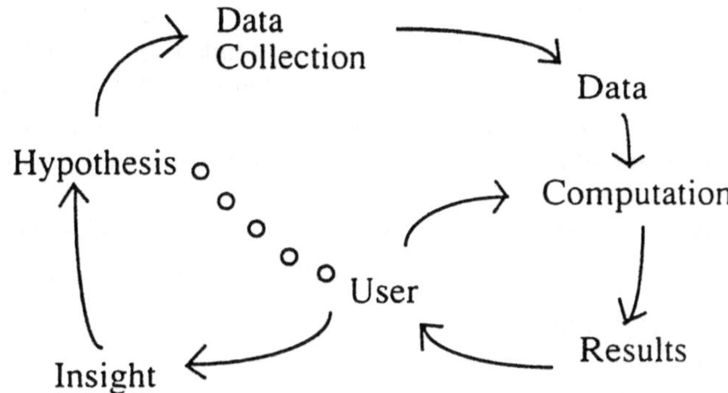

Abb. 1. Modell des wissenschaftlichen Forschungsprozesses (nach WATSON 1990)

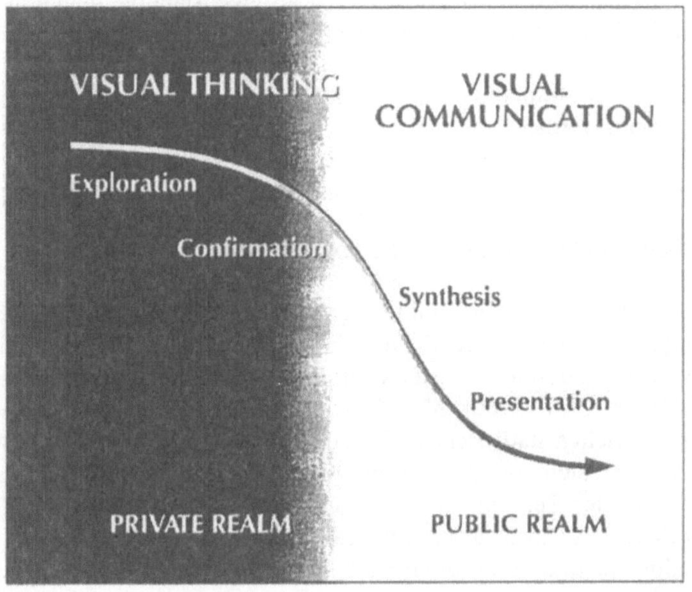

Abb. 2. Funktionen der computergestützten Visualisierung im geowissenschaftlichen Forschungsprozeß (aus: DIBIASE 1990:14)

graphischer Darstellungen, Arbeitsmittel zur Erkenntnisgewinnung über räumliche Phänomene zu sein. Das folgende graphische Modell (DIBIASE 1990) zeigt die Funktionen computergestützter Visualisierung im geowissenschaftlichen Forschungsprozeß. In dem Modell werden zwei Funktionsbereiche unterschieden: der „private" und der „öffentliche" Bereich (Abb. 2).

Im „privaten" oder internen Bereich findet das monologische Denken statt, bei dem der Wissenschaftler nur in Kommunikation mit sich selbst ist. Visualisierung wird hier für das „visuelle Denken" eingesetzt: zum einen, um in der Datenexploration einen ersten Einblick in die Daten und ihre Struktur zu gewinnen, und zum anderen, um in der Verifikation (Confirmation) Daten im Hinblick auf eine formulierte Hypothese zu überprüfen.

Im „öffentlichen" oder externen Bereich findet das dialogische Denken statt, bei dem der Wissenschaftler in Kommunikation mit anderen tritt, um seine Ergebnisse zu präsentieren und zu diskutieren. Visualisierung wird hier für die „visuelle Kommunikation" eingesetzt, um das erlangte Wissen in einer Synthese zusammenzufassen und in generalisierter Form wiederzugeben (Synthesis and Presentation).

Aus dem Modell ergeben sich für die computergestützte Visualisierung drei Funktionen im geowissenschaftlichen Forschungsprozeß:

- die Exploration
- die Verifikation und
- die Demonstration.

Die Synthese wird im folgenden nicht als eigenständige Funktion behandelt, sondern der Demonstration zugeordnet, da die Synthese Voraussetzung für die Demonstration ist.

Computer-Animation kann für alle genannten Funktionen zur Visualisierung angewandt werden.

2.4.2
Computer-Animation für die Exploration

Die Analyse von Daten mittels graphischer Darstellungen („Exploratory Data Analysis", EDA) ist eine Methode, um Einblick in die Daten und ihre Struktur zu gewinnen, und somit Muster oder auch Anomalien in den Daten zu erkennen (TUCKEY 1977, 1980). Mit EDA können Strukturen gefunden werden, die mit herkömmlichen statistischen Methoden nicht sichtbar werden (DIACONIS 1985). EDA eignet sich vor allem für die Analyse großer Datenmengen mit multidimensionalen oder Zeitreihendaten. Graphische Datenexploration hilft dem Wissenschaftler, aus noch unstrukturierten Daten geeignete Fragen zu entwickeln. „Finding the question is often more important than finding the answer" (TUCKEY 1980:24).

CA ist für die Exploration von Daten in unterschiedlicher Weise nutzbar. Zum einen kann das Phänomen der Scheinbewegung in einer Animation für das Erkennen von Strukturen genutzt werden, zum anderen kann die variable graphische Darstellung in einer Animation verschiedene Aspekte der Daten zeigen.
Die Scheinbewegung ermöglicht es dem Betrachter, in einer Sequenz variierender Bilder Muster zu erkennen, die in den einzelnen Bildern nicht sichtbar werden. „... our visual system has remarkable powers to recover the shapes of unknown structures simply from the way their appearances change in the image" (MARR 1982:183). Mehrere Versuche machen dieses Phänomen deutlich. ULLMANN (1979) zeigte, daß aus sich bewegenden Punkten dreidimensionale Strukturen erkannt werden können. JOHANSSON (1973) markierte ausgewählte Punkte an Menschen (Schulter Ellbogen, Hüfte, Knie usw.) durch Licht und filmte diese Personen im Dunklen; unbewegt waren die Leuchtpunkte bedeutungslos, erst durch die Bewegung wurde die menschliche Figur und die Art der Bewegung

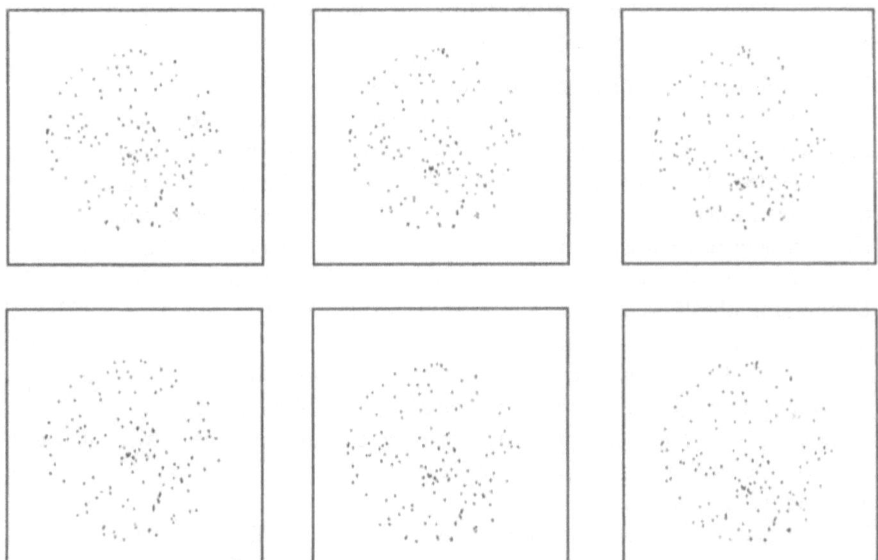

Abb. 3. Punktkinematogramm (aus: VISION by Marr. Copyright © 1982 by W.H. Freeman and Company. Mit Genehmigung von Freeman and Company.)

vorstellbar. BRADDICK (1980) verwendete eine Sequenz variierender Bilder mit scheinbar unstrukturierten Punkten (Punktkinematogramm), die sich durch die Scheinbewegung zu Clustern formten und beim Betrachter ein sich bewegendes Zentrum, eine stationäre Peripherie sowie eine Grenzlinie zwischen beiden ausbildeten (Abb. 3)

In den Geowissenschaften kann die Scheinbewegung genutzt werden, um räumliche Strukturen zu erkennen, die bei der Betrachtung von Einzeldarstellungen nicht sichtbar sind. So können mit Hilfe der Animation kartographische Darstellungen von Zeitreihendaten in schneller Folge betrachtet und gegebenenfalls räumliche und zeitliche Muster erkannt werden. Auch ist es möglich, nichtzeitliche Variationen, wie z.B. die räumliche Verteilung von Objektklassen, in einer Animation zu zeigen, um unerkannte Strukturen zu finden.

Die zweite Anwendungsmöglichkeit der CA für die Exploration ist die *variable Darstellung* von Daten in einer Sequenz. „Visualization of data in a variety of ways can form part of a brainstorming which reveals anomalies or unexpected trends and patterns" (BRODLIE et al 1992:16). DENT (1990:26) stellt einige Methoden vor, die Beziehungen und Muster in Ideen, Ereignissen und Phänomenen erkennen helfen; z.B.

- Betrachtung aus neuen Blickwinkeln durchführen: neue Wahrnehmung des Gewohnten durch Transformation in Fremdes;
- Verbindungen knüpfen: Zusammenbringen von scheinbar nicht in Beziehung stehenden Ideen, Objekten oder Ereignissen;
- neue Wege gehen: Neues tun, auch ohne das Ergebnis zu kennen oder zu kontrollieren.

Diese Methoden sind bei der kartographischen Visualisierung mit CA anwendbar und können folgendermaßen eingesetzt werden:

- Betrachtung aus neuen Blickwinkeln durchführen:
  In einer CA-Sequenz ist es möglich, Daten in unterschiedlicher Weise wiederzugeben. Daten können in verschiedenen kartographischen Darstellungen gezeigt werden, die sich sukzessive bezüglich ihrer graphischen Ausprägung oder der Datenaufbereitung verändern. So ist z.B. die Anzahl der darzustellenden Klassen oder das Klassifizierungsverfahren zu variieren oder es kann eine Isolinienkarte in eine Isoschichtenkarte und schließlich in eine dreidimensionale Darstellung überführt werden. Diese Veränderungen geben stets neue Einblicke in die Daten und ihre Struktur. Außerdem ist durch die Veränderungen eine allmähliche Transformation von einer üblichen Darstellung in eine außergewöhnliche Darstellung möglich, die gänzlich neue Aspekte, Fragen oder Antworten eröffnen kann. „Looking at a map inside out or upside down can yield solutions never thought possible" (DENT 1990:26).
- Verbindungen knüpfen:
  In einer CA ist es möglich, raumbezogene Daten in vielfältiger Weise zu kombinieren. Die sukzessive Kombination aller möglichen Themen erzeugt eine Reihe von mehrthematischen Karten, die einen umfassenden Einblick in vorhandene Beziehungen geben und räumliche und statistische Zusammenhänge deutlich machen.
- Neue Wege gehen:
  In einer CA können neue Wege gegangen werden ohne Kenntnis und Kontrolle des Ergebnisses. Animationen können ergebnisorientiert angelegt sein, die Animation wird dabei in ihrem Ablauf genau definiert. Animationen können aber auch ohne feste Vorstellung des Ergebnisses erstellt werden. In diesem Fall werden nur die Anfangsbedingungen und Veränderungsvorschriften festgelegt. Der Ablauf der Animation wie auch das Ergebnis sind dabei nicht bekannt, beide entwickeln sich aus dem Zusammenwirken von Ausgangsbedingungen und Transformationsvorschriften. In den Geowissenschaften ist die nicht ergebnisorientierte Animation einsetzbar, um Einblick in das Verhalten von räumlichen Systemen oder Prozessen zu gewinnen. Für die Animation sind Ausgangssituation des räumlichen Systems wie auch Veränderungsparameter und -vorschriften zu definieren. Die sich daraus entwickelnde Animation zeigt das Verhalten des Systems unter den formulierten Bedingungen. Diese Form der Animation ist bereits der Übergang zur Simulation, bei der Prozesse und Phänomene modellgesteuert berechnet und visualisiert werden.

2.4.3
Computer-Animation für die Verifikation

Hypothesen, die auf Grund theoretischen oder empirischen Wissens oder der graphischen Datenexploration formuliert wurden, müssen schließlich überprüft werden.

Eine erste Überprüfung der Hypothesen ist mit Hilfe der graphischen Visualisierung möglich, die einen Einblick darüber gibt, ob die Hypothese zutrifft oder nicht. Eine detaillierte Überprüfung kann anschließend mit Hilfe statistischer Verfahren durchgeführt werden.

Der Einsatz der CA für die Verifikation ist vor allem im Bereich dynamischer räumlicher Systeme, zu denen alle geowissenschaftlichen Teilsysteme gehören, hilfreich. Wie bereits im Bereich der Exploration aufgeführt, kann mit CA das Verhalten dynamischer räumlicher Systeme visualisiert werden. Im Gegensatz zur Exploration werden jedoch in einer Animation zur Verifikation die Einflußfaktoren gezielt, nämlich entsprechend den formulierten Hypothesen verändert, um das Verhalten des Systems zu testen.

Eine weitere Einsatzmöglichkeit der CA für die Verifikation ist die variierende Visualisierung von räumlichen Daten eines Zeitintervalls oder eines Zeitpunktes. Mit Hilfe der verschiedenen Darstellungen werden die räumlichen und zeitlichen Muster umfassend sichtbar, und die Hypothese kann anhand dieser Muster angenommen oder abgelehnt werden.

2.4.4
Computer-Animation für die Demonstration

Die Demonstration von raumbezogenen Sachverhalten und Phänomenen kann durch CA in verschiedener Weise unterstützt werden.

Das deutlichste Anwendungsfeld der CA für die Demonstration ist die Darstellung von georäumlichen Prozessen. Die sequentielle Präsentation macht die dynamische Dimension von Prozessen sichtbar und hilft somit dem Betrachter, die Prozesse besser zu erfassen und zu verstehen. KOUSSOULAKOU und KRAAK (1992) zeigten in einem Test, daß raumzeitliche Veränderungen schneller einer Animation als einer statischen Karte entnommen werden konnten.

Darüber hinaus kann Animation die Wiedergabe von Veränderungen aus dem Gedächtnis verbessern. Ein Test von JACOBS (1992) macht deutlich, daß raumzeitliche Veränderungen, die mit Hilfe einer Animation gezeigt wurden, von den Versuchspersonen länger korrekt aus dem Gedächtnis wiedergegeben werden konnten als Veränderungen, die in Form statischer Karten dargeboten wurden. JACOBS führt dies darauf zurück, daß mit Hilfe der Animation *dynamische* mentale Bilder erzeugt werden und dadurch die Information vollständiger, nämlich als *gesamter Prozeß* abgespeichert wird.

Animation kann außerdem für eine verbesserte Darstellung von komplexen Sachverhalten eingesetzt werden. Die sequentielle Präsentation der Animation ermöglicht es, Kartenobjekte *sukzessiv* in einer ausgewählten logischen Reihenfolge dem Benutzer zu zeigen und ihn damit durch das Thema zu *führen*.

Schließlich kann Animation die Aufmerksamkeit des Betrachters erhöhen und dadurch die Aufnahme der dargebotenen Information verbessern. Untersuchungen haben gezeigt, daß Veränderung und Abwechslung der wahrzunehmenden Objekte eine wesentliche Rolle für die Aufrechterhaltung der Wahrnehmung und der kognitiven Fähigkeiten spielen. Eine homogene, abwechslungslose Stimulation bringt ein Abnehmen der Wachsamkeit und der Aufmerksamkeit mit sich (VERNON 1974, DEMBER, EARL 1957). Eine variierende Stimulation dagegen erregt die Aufmerksamkeit. Schon bei Säuglingen unmittelbar nach der Geburt ziehen bewegte Objekte den Blick auf sich und erwecken Aufmerksamkeit (HERSHENSON 1964). Die Variationen in einer Animation führen zu der notwendigen Veränderung der Stimulation. Animation kann daher die Aufmerksamkeit des Betrachters erhöhen und damit die Demonstrationsfunktion kartographischer Darstellungen verbessern.

2.5
Bisherige Arbeiten zur kartographischen Animation

Die Anwendung von Animation in der Kartographie ist keine neue Idee des Computerzeitalters. Sie wurde bereits mit Einführung des Films entwickelt, um durch ihn Veränderungen und Bewegung unmittelbar zeigen zu können. BEHRMANN weist in seinem Artikel „Statische und dynamische Kartographie" von 1941 auf die Wochenschauen hin, in denen während des Zweiten Weltkriegs die Truppenbewegungen und Gebietsveränderungen mit kinematographischen Mitteln dargestellt wurden. Auch THROWER beschrieb bereits 1959 das Potential der Animation in Form verfilmter Karten für die Kartographie. Animation fand jedoch trotz der Vorteile, die sie für die Darstellung von Prozessen bot, keine breite Anwendung, da die manuelle Erstellung einer kartographischen Darstellung zu zeit- und kostenintensiv war.

Der traditionelle Animationsfilm, mit dessen Hilfe Beschränkungen der gedruckten kartographischen Darstellungen aufgehoben werden sollten, war noch nicht das geeignete Mittel für die kartographische Animation. Erst durch die Einführung des Computers in der Kartographie veränderten sich die Rahmenbedingungen für die kartographische Animation (CORNWELL, ROBINSON 1966). Der Kartograph hatte mit dem Computer ein Werkzeug zur Verfügung, mit dessen Hilfe er kartographische Darstellungen erzeugen und entweder über Plotter auf Papier ausgeben und anschließend abfilmen oder über einen Mikrofilmplotter direkt auf Film ausgeben konnte. Diese verbesserten Möglichkeiten nutzten in den 70er Jahren einige Kartographen zur Realisierung kartographischer Animationen für die Darstellung von Prozessen. Es wurden Animationen erstellt, die Bevölkerungsveränderungen (TOBLER 1970, RASE 1974), Erosionsprozesse (POLLACK 1969) und die räumliche und zeitliche Verteilungen von Verkehrsunfällen (MOELLERING 1976) zeigen. Alle diese Animationen waren noch keine echten Computer-Animationen, da der Computer ausschließlich für das Zeichnen der einzelnen Bilder eingesetzt, die eigentliche Animation mit traditionellen kinematographischen Mitteln und Methoden durchgeführt wurde.

Weitere Verbesserungen der Computertechnik machten Anfang der 80er Jahre die Produktion echter, also vollständig am Computer erzeugter und ablaufender Computer-Animationen möglich. MOELLERING (1980) griff diese Möglichkeit in seiner Arbeit zur Echtzeit-Animation dreidimensionaler kartographischer Darstellungen auf und wies auf den Vorteil von Echtzeit-Animationen hin, die Bild-sequenz direkt kontrollieren zu können. Er erstellte mehrere Animationen zu Diffusionsprozessen, Bevölkerungswachstum und Geländemodellen, in denen die dreidimensionalen Darstellungen rotiert werden konnten. In der Echtzeit-Animation sieht MOELLERING die Möglichkeit, Animation nicht nur zur Demonstration, sondern auch zur Analyse räumlicher Prozesse einzusetzen.

Die Forschungsarbeiten zur kartographischen Animation wurden in den 80er Jahren nicht weitergeführt. Allerdings gab es einige Entwicklungen, die in Verbindung zur kartographischen Animation standen. TOBLER (1987) diskutierte verschiedene Aspekte der Darstellung von Migrationen, CALKINS (1984) untersucht die Verwendung von Farbe am Computerbildschirm für die Präsentation raumzeitlicher Daten und SLOCUM et al. (1988) entwickelten ein Softwaresystem für die sequentielle Präsentation der Klassenverteilung in Choroplethenkarten.

Kartographische Computer-Animation wurde erst zu Beginn der 90er Jahre wiederentdeckt und als Forschungsgegenstand aufgegriffen. Die neuen Forschungsansätze unterscheiden sich von denen der 70er und 80er Jahren. Die frühen Arbeiten waren auf die Technik ausgerichtet; sie untersuchten, wie die neue Computertechnik für die Erzeugung kartographischer Animationen eingesetzt werden kann. Die neuen Arbeiten dagegen verfolgen einen konzeptionellen Ansatz; sie untersuchen, wie Animation für die Darstellung von georäumlichen Daten genutzt werden kann und wie sie vom Kartennutzer wahrgenommen wird.

So beschreibt MONMONIER (1989, 1990a,b, 1991a,b, 1992, 1993) das Potential der Animation für die Analyse multivariater raumzeitlicher Daten. Er stellt in diesem Zusammenhang das Konzept der graphischen Skripte („graphic scripts") vor. Mit diesen Skripten wird eine Sequenz von Karten, statistischen Diagrammen, Photographien, Satellitenbildern und Textblöcken erzeugt, die eine „guided tour" durch die geographische Datenbasis geben. Die graphischen Skripte sind ein wesentliches Element in MONMONIERS „Atlas Touring", einem Visualisierungs- und Analysekonzept für raumzeitliche Daten.

Das Potential der Computer-Animation als Visualisierungsinstrument im Rahmen der Erforschung von Prozessen wird von MACEACHREN (1991, 1994) und DIBIASE (1990, 1991, 1992) untersucht. Ihr Ziel ist es, in Zusammenarbeit mit Geowissenschaftlern kartographische Visualisierungswerkzeuge zu entwickeln, die die Geowissenschaftler beim Studium von Prozessen unterstützen. Die kartographische Darstellung soll dabei nicht nur der Präsentation von Ergebnissen dienen, sondern vor allem im frühen Stadium des Forschungsprozesses für die graphische Datenexploration eingesetzt werden. Einige exemplarische Animationen wurden bereits zu den Themen Aids-Ausbreitung in den USA und globale Klimaveränderungen erstellt.

Des weiteren wurden theoretische und methodische Grundlagen zum Einsatz der Computer-Animation in der Kartographie entwickelt (DRANSCH 1995) und – analog zu den graphischen Variablen von BERTIN (1974) – Animationsvariablen definiert (DIBIASE 1991, 1992).

Auch wurde die Anwendung der Computer-Animation in Verbindung mit den verschiedenen Animationsverfahren (GERSMEHL 1990) beschrieben und die

Möglichkeit der Animation von Choroplethenkarten (PETERSON 1993) untersucht. Die Einbindung von Animation in Multimedia- und Hypertextpräsentationen (CARTWRIGHT 1995, THOMPSON 1995) sowie die Nutzung des Internets zur Distribution von Animationen sind Gegenstand neuerer Arbeiten (PETERSON 1995).

Die Wahrnehmung kartographischer Animationen durch den Nutzer war bisher kaum Forschungsgegenstand. Obwohl dieses Thema von entscheidender Bedeutung für den gelungenen Einsatz von Computer-Animation in der Kartographie ist, befaßten sich nur einige Untersuchungen mit der Frage, ob und wie Animation dem Kartennutzer hilft, Information schneller und vollständiger der Karte zu entnehmen (JACOBS 1992; KOUSSOULAKOU, KRAAK 1992; KÖBBEN, YAMAN 1995).

3 Grundlagen der allgemeinen Computer-Animation

Die Anwendung der CA in der Kartographie erfordert es, die Grundlagen der allgemeinen CA zu analysieren und zu bewerten. Dazu müssen sowohl die einzelnen Komponenten der Animation als auch der Animationsprozeß und die Animationstechniken getrennt betrachtet werden.

3.1 Komponenten

Eine Animation besteht aus visuellen und akustischen Komponenten. Die visuellen Komponenten, die Hauptkomponenten der Animation, machen die Information, die Handlung der Animation, sichtbar. Es sind dies die Animationsobjekte, die Szenen, die Veränderungen und die Sequenzen. Die Komponenten stehen in einer hierarchischen Beziehung wie Abbildung 4 zeigt.

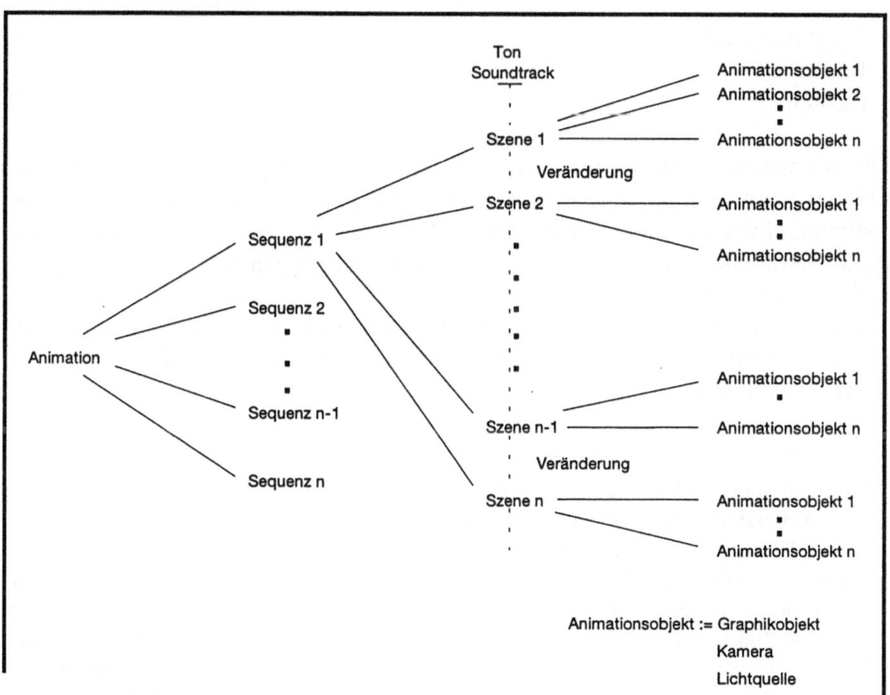

Abb. 4. Komponenten der Animation

Eine Menge von Animationsobjekten baut eine Szene auf. Eine Folge von Szenen, die aufgrund von Veränderungen variieren, bildet eine Sequenz; eine oder mehrere Sequenzen bauen die gesamte Animation auf (MAGNENAT-THALMANN et al 1990).

Animationsobjekte, Szenen und Sequenzen sind *direkte* visuelle Komponenten, die unmittelbar sichtbar sind. Die Veränderungen dagegen sind eine *indirekte* Komponente, sie sind nur in ihren Auswirkungen, nämlich in den variierenden Animationsobjekten und Szenen sichtbar.

Die visuellen Komponenten werden durch eine zusätzliche Komponente, die akustische Komponente des Tons, ergänzt. Der Ton erzeugt den Soundtrack einer Animation, der die Aussage der visuellen Komponenten unterstützt. Der Ton muß sich an den visuellen Komponenten orientieren. (HAYWARD 1977; THIEL 1981; ALDRIDGE, LIGGETT 1990).

3.1.1
Animationsobjekte, Szenen und Sequenzen

Animationsobjekte

Die Animationsobjekte sind die Grundelemente der Animation. Sie dienen zur Visualisierung der Animation am Computerbildschirm. In der CA werden drei Typen von Animationsobjekten unterschieden (MAGNENAT-THALMANN et al. 1990):

- Graphikobjekte
- Kamera
- Lichtquelle.

Alle Animationsobjekte sind in der CA virtuelle Objekte, d.h. sie werden ausschließlich am Computer modelliert und erzeugt. Jedes Animationsobjekt hat eine bestimmte Funktion in der Animation. Außerdem können jedem Animationsobjekt Merkmale zugewiesen werden, deren Ausprägungen die Individualobjekte in einer Animation beschreiben.

Die *Graphikobjekte* sind die Träger der Information. Sie lassen sich durch folgende geometrische und graphische Merkmale beschreiben (MAGNENAT-THALMANN, et al. 1990)[1]:

---

[1] Die Gliederung der Merkmale in geometrische und graphische Merkmale ist in der Computer-Animation anders als in der Kartographie. In der CA werden Position, Form, Größe und Richtung nur als figürliche Merkmale angewandt, die die geometrischen bzw. externen Merkmale eines Graphikobjektes beschreiben. In der Kartographie dagegen werden Form, Größe und Richtung auch als abstrakte Merkmale eingesetzt, die Qualitäten oder Quantitäten von Objekten beschreiben. Folglich ist in der Kartographie nur die Position ein geometrisches Merkmal, während Form, Größe, Richtung, Farbe, Helligkeitswert und Textur graphische Merkmale (Farb-Muster-Variablen bei BERTIN (1974)) sind.

- Position
  - Form
  - Größe
  - Richtung.
- graphische Merkmale:
  - Farbe
  - Helligkeitswert
  - Textur.

Die *Kamera* legt den Betrachtungsstandpunkt und den Betrachtungswinkel fest. Sie bestimmt damit den zu präsentierenden Bildausschnitt und die Perspektive, aus der die Graphikobjekte betrachtet werden. Die Kamera läßt sich durch folgende Merkmale beschreiben:

- vertikale und horizontale Position,
- Distanz zum Graphikobjekt,
- Neigungswinkel und
- Richtungswinkel der Kamera.

Die *Lichtquelle* läßt dreidimensionale Graphikobjekte plastisch erscheinen und gibt den Graphikobjekten ein photorealistisches Aussehen. Die Lichtquelle kann durch folgende Merkmale beschrieben werden:

- Position
- Neigung
- Art
- Farbe
- Intensität

Die Animationsobjekte können in einer Animation einen unterschiedlichen Status aufweisen. So können Animationsobjekte in der Animation entweder verändert werden oder sie können unverändert bleiben. Dementsprechend sind *dynamische* Animationsobjekte und *statische* Animationsobjekte zu unterscheiden (MAGNE-NAT-THALMANN et al. 1990).

Szenen

Eine Szene läßt sich definieren als eine strukturierte Anordnung von Animationsobjekten zu einem Bild. Eine Szene wird immer durch eine Menge von Graphikobjekten aufgebaut. Zusätzlich ist es notwendig, eine Kamera für die Szene zu definieren, um bestimmte Blickwinkel und Perspektiven festzulegen. Für Szenen mit dreidimensionalen Graphikobjekten ist außerdem eine Lichtquelle zu definieren, die die Szene plastisch erscheinen läßt.

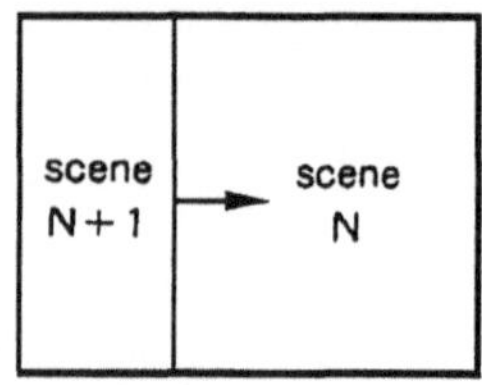

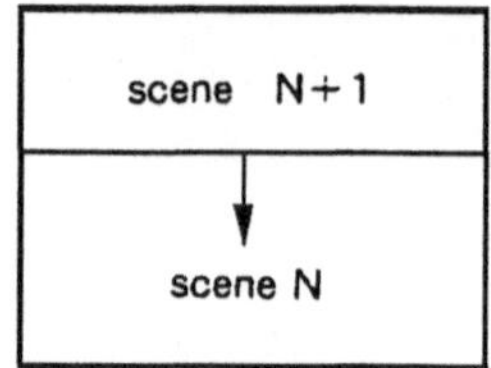

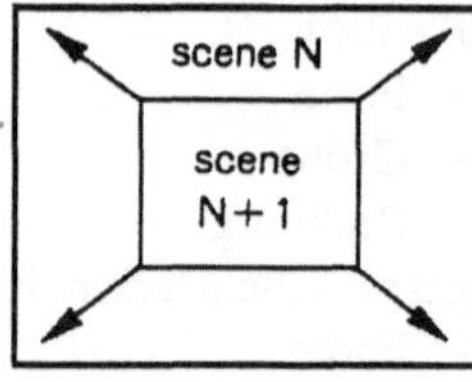

Abb. 5. Bildübergänge, „Transitions" (aus: MAGNENAT-THALMANN et al. 1992:207)

Sequenz

Eine Sequenz läßt sich definieren als eine strukturierte Folge von variierenden Szenen (MAGNENAT-THALMANN et al. 1990). Zu einer Sequenz werden alle die Szenen zusammengefaßt, die eine bestimmte Aktion in der Animation festlegen. Die Struktur einer Sequenz, die Reihenfolge der einzelnen Szenen, wie auch der Rhythmus der Sequenz sind durch die Handlung bestimmt. Sequenzen werden mit Hilfe von Bildübergängen, „Transitions", verbunden. Bildübergänge können klare Schnitte oder Überblendungen zwischen den Anfangs- und Endszenen zweier Sequenzen sein (Abb. 5).

3.1.2
Veränderungen

Veränderungen sind die Unterschiede, die zwischen Szenen einer Animation auftreten. Veränderungen können sich auf alle dynamischen Animationsobjekte, die Graphikobjekte, die Kamera und die Lichtquelle, beziehen und jedes Merkmal dieser Objekte betreffen.

Die Veränderungen sind das Wesentliche der Animation. Erst durch die Veränderungen der Animationsobjekte wird die Handlung der Animation sichtbar. Die Veränderungen beeinflussen somit, wie die Handlung vom Betrachter wahrgenommen wird. Die Veränderungen müssen daher die Handlung genau wiedergeben. Dazu ist es erforderlich, Veränderungen zu definieren, die auf das jeweilige Anwendungsgebiet der Animation ausgerichtet sind. So sind z.B. für die Animation synthetischer menschlicher Figuren Bewegungsstudien erforderlich, aus denen sich geeignete Veränderungen für die einzelnen Gliedmaßen ableiten lassen.

Komplexe Veränderungen müssen in elementare Veränderungen zerlegt werden, so daß sie durch die elementaren graphischen und kinematographischen Veränderungen beschreibbar sind.

Die elementaren Veränderungen sind:

- für die Graphikobjekte:
  als geometrische Veränderungen:
  - Veränderung der Position
  - Veränderung der Form
  - Veränderung der Größe
  - Veränderung der Richtung.

als graphische Veränderungen:
- Veränderungen der Farbe
- Veränderung der Helligkeit
- Veränderung der Textur.
• für die Kamera:
- Veränderung der vertikalen und/oder horizontalen Position
- Veränderung der Distanz
- Veränderung des Neigungswinkels
- Veränderung des Richtungswinkels.
• für die Lichtquelle:
- Veränderung der Position
- Veränderung der Neigung
- Veränderung der Art
- Veränderung der Farbe
- Veränderung der Intensität.

3.1.3
Ton

Die visuellen Komponenten einer Animation werden häufig durch die akustische Komponente des Tons ergänzt. Ton ist ein wesentliches Element in einer Animation, um die Information zu übermitteln. Er kann Bilder von Objekten, die einen bestimmten Ton als Merkmal haben, in unserem Geist erzeugen, oder er kann Assoziationen hervorrufen, die sich aus dem Kontext der Animation oder aus früheren Erlebnissen des Betrachters ableiten. Darüber hinaus läßt sich feststellen, daß Ton ganz allgemein die Rezeption des Films positiv beeinflußt „die Einbettung in Musik überhaupt, weniger in eine bestimmte Musik, [hat] eine gewisse Wahrnehmungsschärfe zur Folge" (SCHMIDT 1976:156).

Die Aufgabe des Tons, in seinen drei möglichen Erscheinungsformen Musik, Geräusch und gesprochenes Wort, ist die Bekräftigung und Unterstützung der visuellen Botschaft der Animation. Dabei kommen ihm verschiedene Funktionen zu. Zum einen soll er das emotionale Klima, die Atmosphäre, für die visuelle Botschaft erzeugen, indem er bestimmte Stimmungen aufbaut oder auf Ereignisse hinweist. Zum anderen soll der Ton Informationen übertragen, die nicht im Bild enthalten sind. Zum dritten kann der Ton die Objekte der Animation und deren Veränderungen akustisch wiedergeben und dadurch ein „akustisches Bild" des Geschehens erzeugen (MOTTE-HABER, EMONS 1980; THIEL 1981).

Für die Gestaltung des Soundtracks einer Animation stehen verschiedene akustische Elemente zur Verfügung. Sie sind:

• Tonhöhe - Melodie
Die Tonhöhe beschreibt die Lage des Tons innerhalb der Oktaven. Eine Folge von Tönen bildet eine Melodie. Melodien können in der Animation Tonmotive sein, die bestimmte Ereignisse repräsentieren (Leitmotive).

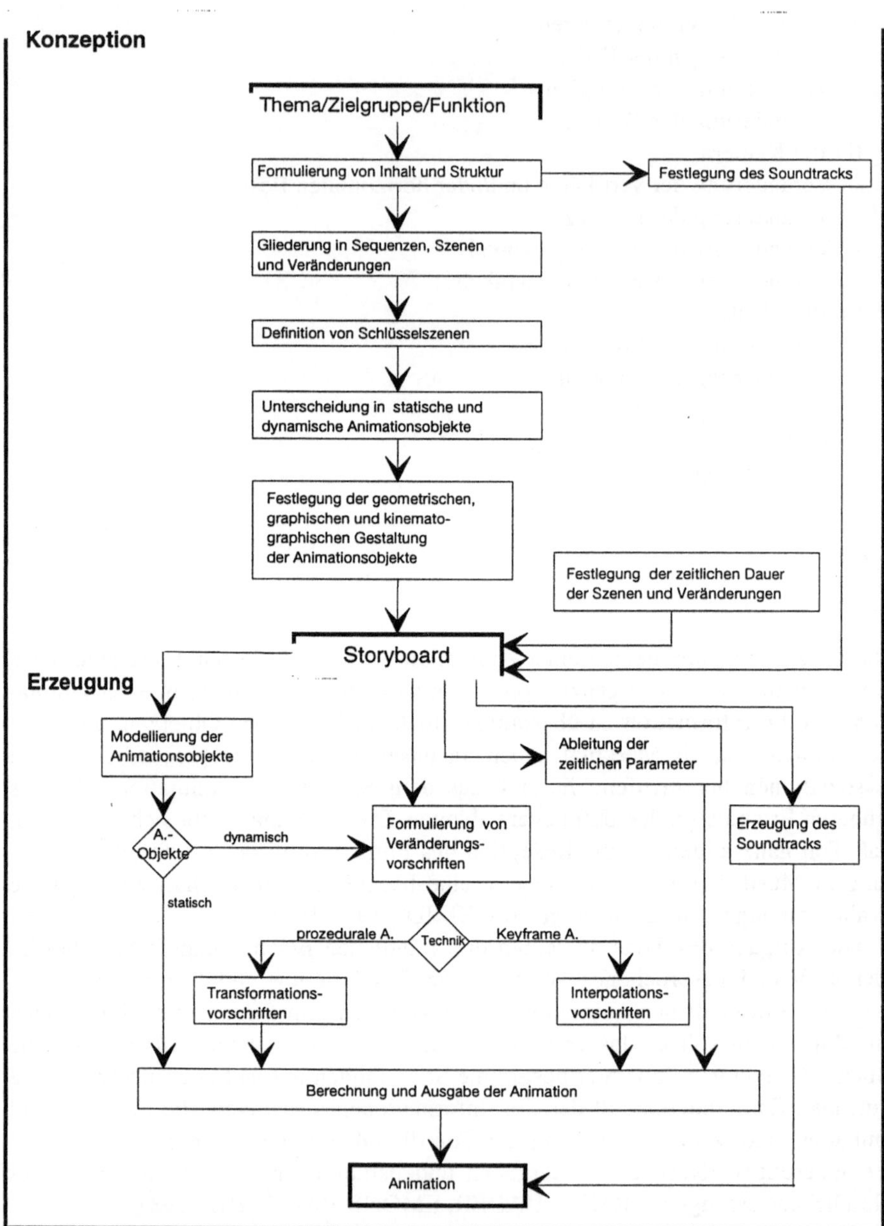

Abb. 6. Der Animationsprozeß

- Timbre des Tons
  Das Timbre beschreibt die Klangfarbe des Tons, z.B. den hellen Ton einer Flöte oder den vollen Ton eines Cellos. Die Animation nutzt das Timbre, um unterschiedliche Charaktere darzustellen.
- Lautstärke des Tons
  Die Lautstärke wird in der Animation eingesetzt, um bestimmte Stimmungen, wie Spannung, zu erzeugen.
- Dauer des Tons - Rhythmus - Geschwindigkeit
  Die Dauer des Tons gibt an, wie lange ein Ton gehalten wird. Sie ist Grundlage für das Entstehen von Rhythmus und Geschwindigkeit einer Tonfolge. Die Tondauer wird verwendet, um den Rhythmus und die Geschwindigkeit der Veränderungen der Animation akustisch zu unterstreichen.
- Lage des Tons im Raum
  Die Lage des Tons im Raum gibt die Position des Tons im Hörraum wieder. Der Ton kann je nach Aufnahme- und Abspielverfahren ein-, zwei- oder drei-dimensional vom Zuhörer verortet werden. Dieses Element wird eingesetzt, um beim Zuhörer einen akustischen Raumeindruck zu erzeugen.

3.2
Der Animationsprozeß

Die Erstellung einer Animation erfolgt in mehreren aufeinander aufbauenden Arbeitsschritten. Der Gesamtprozeß der Erstellung läßt sich in zwei Teilprozesse gliedern, die Konzeption und die Erzeugung (LAYBOURNE 1979, WILLIM 1989, MAGNENAT-THALMANN et al. 1990) (Abb. 6).

3.2.1
Konzeption

In der Konzeptionsphase werden die grundlegenden thematischen und gestalterischen Zielrichtungen der Animation abgesteckt. Inhalt, Struktur und Gestaltung der Animation werden in dieser Phase in einem Konzept festgelegt. Ebenso wird der Soundtrack der Animation konzipiert (Abb. 7).

Grundlage für die Erstellung eines Konzepts ist die Formulierung eines Themas und die Festlegung der Funktion und Zielgruppe: Was soll die Animation zeigen, wozu und für wen.

Stehen Thema, Funktion und Zielgruppe fest, muß der inhaltliche Ablauf der Animation bestimmt werden. Dazu wird der genaue Inhalt sowie die Struktur der Animation definiert. Inhalt und Struktur werden in einem kurzen Exposé in Form einer Erzählung festgehalten. Das so entstandene Handlungsgerüst wird in einem Treatment in einzelne Sequenzen und Szenen unterteilt. Dabei werden Schlüsselszenen definiert. Schlüsselszenen sind die entscheidenden Eckpfeiler der Handlung, sie bilden den Referenzrahmen für die Animation.

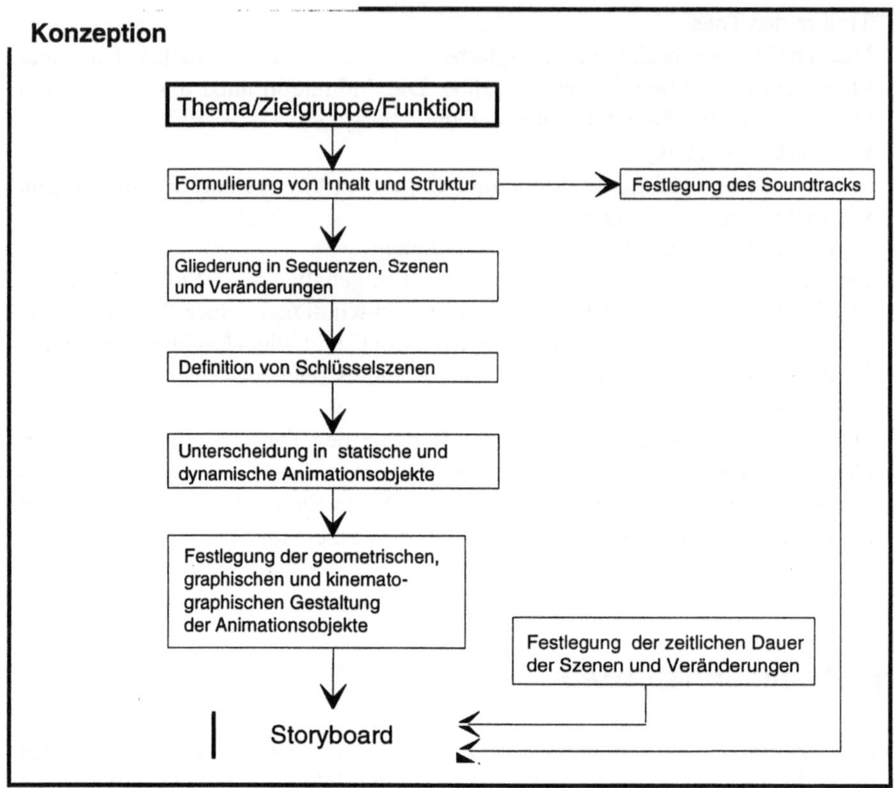

Abb. 7. Konzeption einer Animation

An diesen Schlüsselszenen wird die geometrische, graphische und kinematographische Gestaltung der Animationsobjekte vorgenommen. Dazu werden die statischen und dynamischen Animationsobjekte unterschieden; für sie wird die Gestaltung festgelegt.

Zusätzlich werden Rhythmus und Geschwindigkeit der Animation bestimmt, indem den Schlüsselszenen und den dazwischen liegenden Veränderungen eine relative oder auch absolute zeitliche Dauer zugewiesen wird.

Der Soundtrack wird parallel zu diesen Arbeitsschritten festgelegt. Dialoge und musikalische Begleitung müssen auf den Inhalt sowie auf den Rhythmus der Animation abgestimmt werden.

Endprodukt der Konzeptionsphase ist ein Storyboard, das das Konzept in animationsgerechter Aufbereitung wiedergibt (Abb. 8). Ein Storyboard enthält Informationen zur Gestaltung der Animationsobjekte und Szenen, zur Reihenfolge der einzelnen Szenen und zum Soundtrack. Die Schlüsselszenen werden graphisch wiedergegeben.

Abb. 8. Ausschnitt aus dem Storyboard der Animation „Dream flight" (aus: MAGNENAT-THALMANN et al. 1990:191)

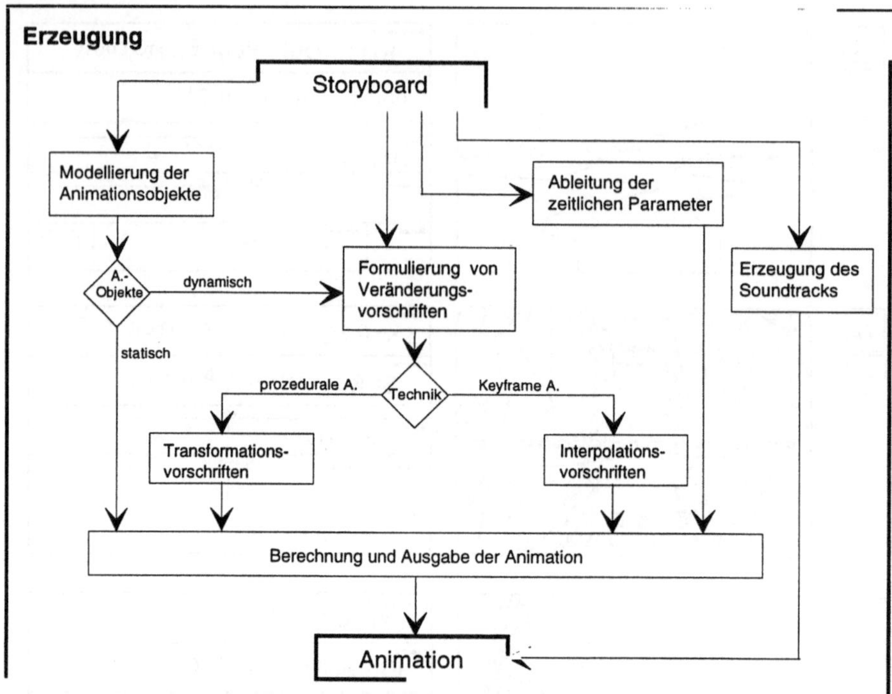

Abb. 9. Erzeugung einer Animation

3.2.2
Erzeugung

Das Konzept der Animation ist Grundlage für die Erzeugung der Animation; sie erfolgt in drei Arbeitsschritten: der Modellierung der Animationsobjekte und Szenen, der Festlegung von Veränderungsvorschriften sowie der Berechnung der Animation (Abb. 9).

Modellierung der Animationsobjekte

Die Erzeugung einer Animation beginnt mit der Modellierung der Animationsobjekte und Szenen. Bei der Modellierung „wird ein Animationsobjekt in seinen Eigenschaften, wie äußere Form und Farbe ... beschrieben" (WILLIM 1989:413). Modelliert werden die Animationsobjekte der definierten Schlüsselszenen.

A) *Die Modellierung der Graphikobjekte* umfaßt die Festlegung der geometrischen und der graphischen Merkmale dieser Objekte. Demzufolge lassen sich geometrische und graphische Modellierung unterscheiden. Für die *geometrische Modellierung* der Objekte stehen verschiedene Methoden zur Verfügung (WILLIM 1989; FOLEY, van DAM et al. 1990):

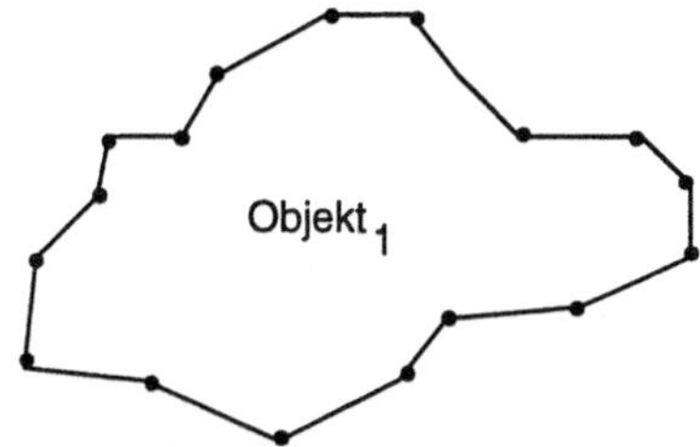

Abb. 10. Geometrische Modellierung der Graphikobjekte mittels einer Folge von Koordinaten

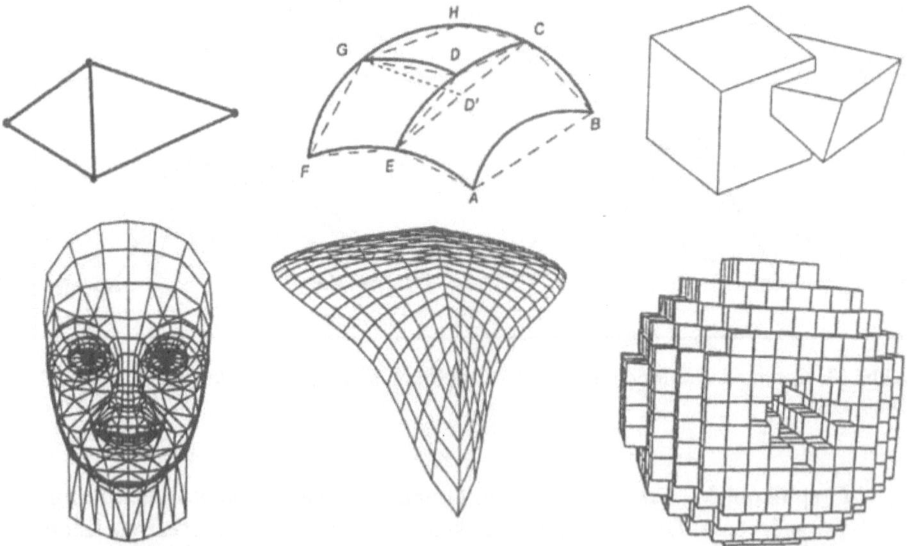

Abb. 11. Geometrische Modellierung der Graphikobjekte mittels Drahtkörper-, Oberflächen- und Volumen-Modellierung (aus: FOLEY et al. 1990:475,527 , MAGNENAT-THALMANN et al. 1990:65,147; MEALING 1992:66,67)

- die Digitalisierung mittels Digitalisiertablett oder Scanner für die Erzeugung zweidimensionaler Objekte. Dabei wird eine Folge von Koordinaten erzeugt, die die Objektgeometrie beschreibt (Abb. 10).
- die Drahtkörper-, Oberflächen- oder Volumen-Modellierung für die Erzeugung dreidimensionaler Objekte. Bei diesem Modellierverfahren werden die

---

[1] J D Foley/A Van Dam/S Keiner/ J F Hughes, COMPUTER GRAPHICS, (Abb. 11.4 & 11.5, S. 475 & 527), Copyright 1990 Addison-Wesley Publishing Company Inc. Mit Genehmigung der Addison-Wesley Longman Inc.

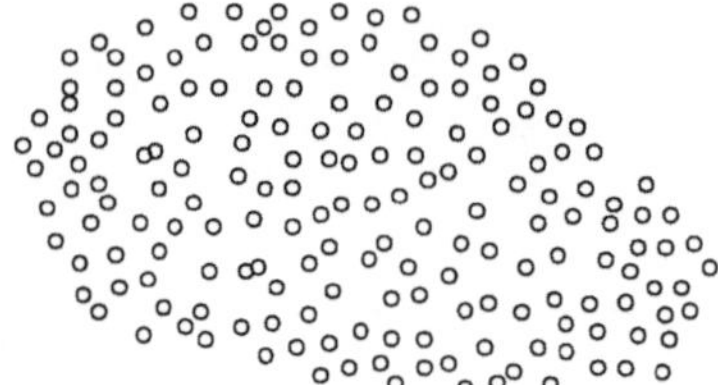

Abb. 12. Geometrische Modellierung der Graphikobjekte mittels Vielteilchensysteme

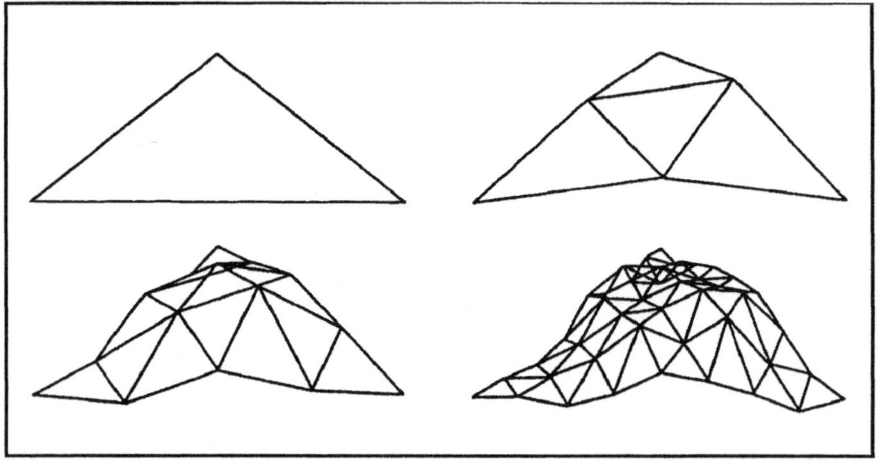

Abb. 13. Geometrische Modellierung der Graphikobjekte mittels Fraktale (aus: WILLIM 1989:426)

Graphikobjekte aus geometrischen Grundelementen, geometrischen Primitiva, aufgebaut. Die Grundelemente sind je nach Modellierverfahren Knoten und Kanten, ebene und gekrümmte Flächensegmente oder dreidimensionale Grundkörper, die nicht weiter zerlegbar sind (Abb. 11).

- die Modellierung mittels Vielteilchen-Systemen (Particle Systems) für die Erzeugung von Fuzzy Objects (z.B. Luft- oder Flüssigkeitsströmungen). Bei diesem Verfahren wird das Graphikobjekt durch eine Menge von sich ständig bewegenden Teilchen modelliert. Jedes Teilchen hat seine eigene Farbe, Flugbahn, und Lebenszeit. Die Menge der Teilchen repräsentiert indirekt die Ausdehnung des Objektes (Abb. 12).

- die Modellierung mittels Fraktale (MANDELBROT 1977) für die Erzeugung detailreicher und auf den ersten Blick unregelmäßiger natürlicher Objekte (z.B. Gebirge, Bäume). Bei diesem Verfahren werden Objekte mit Hilfe von Fraktalen modelliert. Fraktale sind eine Familie unregelmäßiger Formen, die allerdings immer noch so viel Regelmäßigkeit aufweisen, daß man sie mathematisch beschreiben kann. So wird z.B. durch die rekursive Anwendung einer Modellvorschrift ein Dreieck in immer kleinere Dreiecke (fraktale Polygone) unterteilt und ein Gebirgszug modelliert (Abb. 13).

Ist die geometrische Modellierung abgeschlossen, erfolgt die *graphische Modellierung*. Dabei werden den Graphikobjekten die graphischen Merkmale Farbe, Helligkeitswert und Textur zugeordnet. Die Graphikobjekte werden anschließend zu Szenen zusammengefaßt oder in einer Objektdatenbank abgelegt.

Schließlich können den Graphikobjekten noch physikalische Eigenschaften zugeordnet werden, wie z.B. die Masse. Diese *physikalische Modellierung* ist dann erforderlich, wenn in einer Animation das Verhalten von Objekten unter Einwirkung physikalischer Kräfte gezeigt werden soll.

B) Die *Modellierung der Kamera* beinhaltet die Festlegung der Kameramerkmale, der Position, der Distanz sowie des Neigungs- und Richtungswinkels der Kamera. Aus den Informationen des Kameramodells werden der Bildausschnitt sowie die Perspektive errechnet (MAGNENAT-THALMANN et al. 1990).

C) Die *Modellierung der Lichtquelle und Beleuchtung* (WILLIM 1989; FOLEY, van DAM 1990) umfaßt die Festlegung der Merkmale der Lichtquelle wie z.B. Position, Lichtfarbe und Lichtintensität sowie die Erstellung eines Beleuchtungsmodells für die Szene. In einem Beleuchtungsmodell sind alle Informationen enthalten, die zur Berechnung der Intensität der Farb- oder Grauwerte der Szenen notwendig sind. Darunter fallen die Parameter der Lichtquelle wie auch die Parameter der Oberflächen- und Volumenbeschaffenheit der Graphikobjekte für das Reflexions- und Transmissionsverhalten.

Formulierung von Veränderungsvorschriften

Sind die Animationsobjekte modelliert, sind Veränderungsvorschriften zu formulieren, die die dynamischen Animationsobjekte der Schlüsselszenen verändern. Die Qualität dieser Veränderungsvorschriften ist ausschlaggebend für die Qualität der gesamten Animation. Die Veränderungsvorschriften müssen daher eine genaue Beschreibung der Veränderung sein, die alle Einflußparameter, die die Veränderung spezifizieren, enthalten (CHÉRIF 1990; MAIOCCHI, PERNICI 1990; MEALING 1992). So muß z.B. eine Veränderungsvorschrift für die Bewegung, „das Gehen einer älteren Person" anders sein als die für „das Gehen einer Frau auf hochhackigen Schuhen". Die Bewegung eines geometrischen Körpers, auf den physikalische Kräfte wirken, erfordert wiederum eine Veränderungsvorschrift, die physikalische Gesetzmäßigkeiten berücksichtigt.

Für jedes Anwendungsgebiet der Animation sind daher die darzustellenden Veränderungen genau zu analysieren, damit geeignete Veränderungsvorschriften für die Erzeugung der jeweiligen Veränderungen formuliert werden können.

Die Veränderungsvorschriften sind außerdem auf die jeweilige Animationstechnik (Kap. 3.3) auszurichten, mit der die Veränderungen erzeugt werden.

So ist es möglich, die Veränderungen von Animationsobjekten zwischen zwei Schlüsselszenen mit Hilfe einer Interpolation zu erzeugen (Keyframe-Animation). Dazu ist es erforderlich, Interpolationsvorschriften zu definieren, die das Interpolationsverfahren wie auch die zu interpolierenden Parameter beschreiben. Entscheidend bei diesem Verfahren ist, geeignete Parameter zu definieren, die die Veränderung charakterisieren.

Veränderungen von Animationsobjekten können außerdem über Transformationen der dynamischen Animationsobjekte erzeugt werden (prozedurale Animation). Dazu ist es erforderlich, geeignete Transformationen, die die Veränderungen wiedergeben, zu definieren, und sie in Form von Transformationsvorschriften zu formulieren.

Schließlich sind für die einzelnen Veränderungsvorschriften noch die zeitlichen Parameter anzugeben, die Beginn und Dauer der Veränderungen festlegen.

Berechnung und Ausgabe der Animation

Berechnung und Ausgabe der Animation sind die letzten Schritte im gesamten Animationsprozeß. Mit Hilfe der verschiedenen Animationstechniken (Kap. 3.3) werden aus den modellierten Schlüsselszenen und den Veränderungsvorschriften alle für die Animation erforderlichen Szenen berechnet und generiert.

Die Ausgabe der Animation kann in unterschiedlicher Weise erfolgen. Grundsätzlich ist zwischen aufgezeichneter und Echtzeitanimation zu unterscheiden.

Bei der *aufgezeichneten Animation* werden die einzelnen Bilder der Animation nach der Berechnung und Generierung auf ein Videoband oder auf Film aufgezeichnet. Die Animation kann anschließend von dem Trägermedium abgespielt und betrachtet werden.

Bei der *Echtzeitanimation* erfolgt die Berechnung, Generierung wie auch die Ausgabe ausschließlich am Computer. Echtzeitanimation kann entweder Echtzeitwiedergabe oder Echtzeitberechnung sein. Im Falle der *Echtzeitwiedergabe* werden die Bilder einer Animationssequenz nach der Generierung in einem leistungsfähigen Bildspeicher abgelegt und bei der Ausgabe der Animationssequenz Bild für Bild aus dem Speicher auf den Bildschirm geladen. Bei der *Echtzeitberechnung* werden die Bilder gleichzeitig zur Berechnung und Generierung auf dem Bildschirm ausgegeben. Diese Form der Animation ist Voraussetzung für die interaktive Erstellung und Bearbeitung von Animationen.

3.3
Animationstechniken

Für die Erzeugung einer Animation stehen die im folgenden beschriebenen Techniken zur Verfügung. Sie unterscheiden sich bezüglich ihres Potentials: manche Techniken erlauben nur die Erzeugung einfacher Animationen, während sich mit anderen Techniken komplexe Animationen erstellen lassen (THALMANN 1989; MAGNENAT-THALMANN et al. 1990).

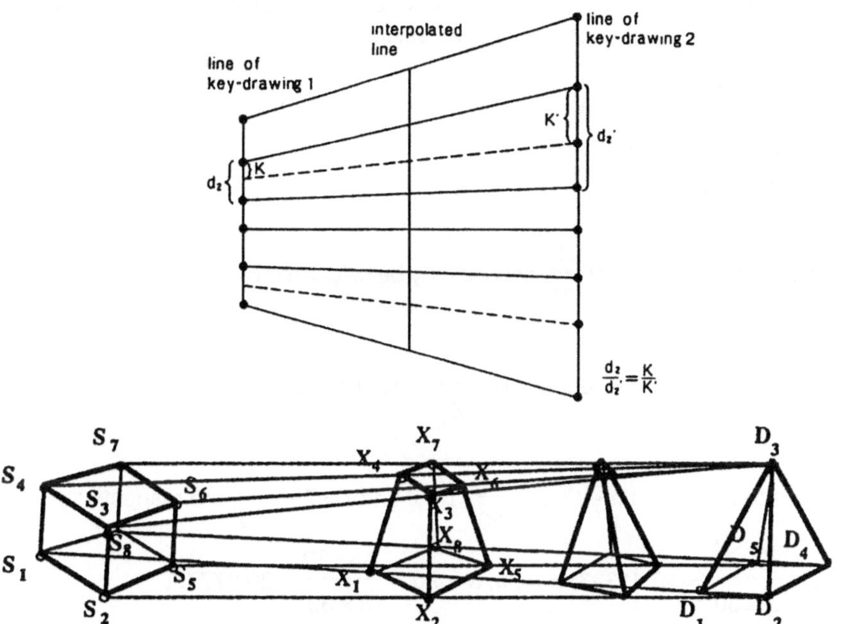

Abb. 14. Bildbasierte Keyframe-Animation (aus: MAGNENAT-THALMANN et al. 1990: 43,74)

Keyframe-Animation

Bei der Keyframe-Animation werden die im Konzept definierten Schlüsselszenen einer Animation als „Keyframes" oder Hauptphasen vom Animator erstellt und die dazwischenliegenden Szenen, die „Inbetweens" oder Zwischenphasen, vom Computer automatisch über eine lineare oder nichtlineare Interpolation (z.B. Splineinterpolation) generiert.

Die einfachste Form der Keyframe-Animation ist die von BURTNYK und WEIN 1974 eingeführte *bildbasierte Keyframe-Animation* („image based" oder „shape-interpolation"), der die Interpolation der *Bilder* der Keyframes zugrunde liegt. Bei dieser Technik erzeugt der Animator die einzelnen *Bilder* der Keyframes. Für die Generierung der Inbetweens werden die Linien der Graphikobjekte aufeinanderfolgender Keyframes interpoliert. Bildbasierte Keyframe-Animation eignet sich für Animationen mit einer geringen Anzahl von Graphikobjekten, die die Objektgeometrie verändern. Der Nachteil dieser Animationstechnik ist die eingeschränkte Steuerungsmöglichkeit der Interpolation (Abb. 14).

Eine komplexere Keyframetechnik ist die *parameter-orientierte oder parametrische Keyframe-Animation*. Bei dieser Technik definiert der Animator die Keyframes über *Parameter*, die die Animationsobjekte beschreiben (z.B. Positionskoordinaten, Farbwert usw.). Die Generierung der Inbetweens erfolgt durch Interpolation dieser Parameter. Die Bilder der Inbetweens werden erst *nach* der Interpolation aus den dabei abgeleiteten Parametern erstellt. Die parametrische Keyframe-Animation ist vor allem geeignet für Animationen, deren Objekte und

example: the joint of a robotic arm is characterized by an angle α varying during time t; the follwing values have been selected:

$$t = 0 \quad \alpha = 10$$
$$t = 2 \quad \alpha = 20$$
$$t = 5 \quad \alpha = 45$$
$$t = 8 \quad \alpha = 100$$

The value of the angle every $\dfrac{1}{30}$ second may be calculated by linear interpolation:

e.g., for $t = \dfrac{1}{30}$, we have $\alpha = 10 + \dfrac{20 - 10}{2 \times 30} = 10.1666...$

values of the angle for time $t = 2 - \dfrac{1}{30}$, $t = 2$ and $t = 2 + \dfrac{1}{30}$ are respectively:

$$\alpha = 20 - \frac{20 - 10}{2 \times 30} = 19.81333; \quad \alpha = 20, \quad \alpha = 20 + \frac{45 - 20}{3 \times 30} = 20.2777...$$

Abb. 15. Parametrische Keyframe-Animation (aus: MAGNENAT-THALMANN et al. 1990:84)

Veränderungen sich gut durch Parameter beschreiben lassen. Entscheidend bei dieser Animationstechnik sind die Parameter. Ihre Auswahl bestimmt zum großen Teil das Ergebnis der Animation (Abb. 15).

Prozedurale oder algorithmische Animation

Bei der prozeduralen oder algorithmischen Animationstechnik werden die Veränderungen algorithmisch über eine Liste von Transformationen erzeugt. Jede Transformation wird durch Parameter spezifiziert (z.B. der Winkel einer Rotation). Die Parameter können während der Animation nach jedem physikalischen Gesetz berechnet und verändert werden. Damit können die Gesetze der Dynamik wie auch der Kinematik in die Animation von Objekten mit einbezogen werden. Die prozedurale Animationstechnik ist die mächtigste der zur Verfügung stehenden Techniken, da über die Programmanweisungen eine vollständige Kontrolle der Animation möglich ist. Die Schwierigkeit dieser Technik besteht darin, geeignete Transformationen zu finden, die die Veränderungen beschreiben. Der Nachteil dieser Technik ist, daß ein hohes Abstraktionsvermögen und sehr gute Programmierkenntnisse von seiten des Animators erforderlich sind.

Eine vereinfachte Form der prozeduralen Animation ist die skriptorientierte Animation. Zwar basiert auch sie auf Transformationen, doch haben skriptorientierte Animationssysteme nutzer- und nutzungsorientierte Oberflächen, die die Erstellung von Transformationsprozeduren wesentlich erleichtern (Abb. 16).

```
create CLOCK (. . .);
for FRAME := 1 to NB_FRAMES
   TIME := TIME + 1/24;
   ANGEL := A *SIN (OMEGA *TIME + PHI);
   MODIFY (CLOCK, AMGLE);
   draw CLOCK;
   record CLOCK;
   erase CLOCK
```

Abb. 16. Prozedurale Animation (aus: MAGNENAT-THALMANN et al. 1990:84)

Tabelle 1 gibt einen Überblick über die verschiedenen Animationstechniken:

Tabelle 1. Übersicht der Animationstechniken

Technik	Variable	Veränderungsvorschrift	Anwendung
bildbasierte Keyframe-Animation	Liniensegmente der Graphikobjekte	Interpolationsvorschrift für Liniensegmente	Veränderung der Geometrie einfacher Graphikobjekte
parametrische Keyframe-Animation	Parameter der Animationsobjekte	Interpolationsvorschrift für Parameter	Veränderungen aller Merkmale der Animationsobjekte, die über Parameter beschreibbar sind
prozedurale Animation	Parameter der Transformation	Transformationsvorschrift für Animationsobjekte	alle Veränderungen, vor allem Veränderungen, die physikalische Gesetze berücksichtigen

4 Grundlagen der temporalen kartographischen Animation

4.1
Gegenstand der temporalen Animation

Die temporale Animation wurde definiert als eine Sequenz von kartographischen Darstellungen, die räumliche Veränderungen in einem bestimmten Zeitintervall zeigen (Kap. 2.3.2). Gegenstand der temporalen Animation sind somit die Zeit sowie Raumstrukturen mit ihren Veränderungen.

4.1.1
Zeit

Die Zeit wurde bislang in der Kartographie wie auch in der Geographie den Raumdimensionen untergeordnet. Da Raum und Zeit jedoch eine „natürliche Einheit" bilden, ist die Zeit den Raumdimensionen gleichzustellen (TULKU 1971; CAPEK 1976; PRED 1981; RAY 1991). Die ganzheitliche Untersuchung und Erklärung des Georaumes ist daher nur möglich, wenn Raum *und* Zeit in gleicher Weise berücksichtigt werden (BUNGE 1962, HÄGERSTRAND 1967, ULLMANN 1980). „It is doubtful...that Geography can continue its research for spatial understanding by ignoring the integral dictates of time and space as a natural unity" (JAKLE 1971:1087).

Zeit ist nicht unmittelbar wahrnehmbar und meßbar, sie kann nur über die Beobachtung anderer Phänomene, deren Zustände und Veränderungen, definiert werden. Die Beschreibung der Zeit erfolgt daher über Zustände und Ereignisse, die zu einer Veränderung der Zustände führen. Dementsprechend wird Zeit häufig als eine Linie ohne Anfangs- und Endpunkt dargestellt, die sich aus Zuständen und Ereignissen (bzw. Veränderungen) aufbaut. Die Liniensegmente sind die Zustände, die durch Punkte, nämlich die Ereignisse, begrenzt sind (JAQUES 1982; LANGRAN, CHRISMAN 1988; MACKANESS, BUTTENFIELD 1991; LANGRAN 1992).

Die zeitliche Verortung der Zustände und Ereignisse auf dieser Linie erfolg durch das *Datum* und die *Dauer* der Zustände bzw. Ereignisse. Sie werden ir Form von Maßeinheiten, wie z.B. Sekunden, Tage, Jahre, angegeben. Die Wah der Maßeinheit ist abhängig von dem jeweiligen Phänomen, nach dessen Zustän den und Veränderungen die Zeit gemessen wird. Datum und Dauer beschreiber die zeitliche Dimension von Zuständen und Ereignissen. Sie legen außerdem die *zeitliche Beziehung, den Rhythmus,* der einzelnen Zustände und Ereignisse fes (Abb. 17).

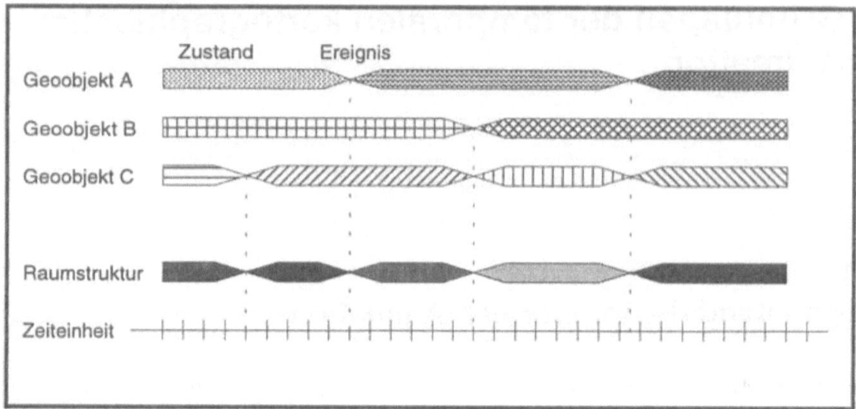

Abb. 17. Darstellung der Zeit durch Zustände und Ereignisse (nach: LANGRAN et al. 1988:5)

Die Maßeinheiten von Zuständen und Ereignissen verorten diese nicht nur auf der Zeitachse, sie beschreiben auch die *zeitliche Auflösung*. Die zeitliche Auflösung gibt die kleinste zeitliche Einheit an, und damit die zeitliche „Größe" (z.B. Sekunde, Jahr), ab welcher Ereignisse und Veränderungen auf der Zeitlinie aufgetragen werden.

4.1.2
Räumliche Veränderungen

Räumliche Veränderungen sind Ereignisse, die Raumzustände, Raumstrukturen im Laufe der Zeit verändern. Räumliche Veränderungen können nach verschiedenen Kriterien beschrieben und gegliedert werden. Zum einen ist es möglich, sie nach inhaltlichen Kriterien zu differenzieren, z.B. Erosionsprozesse, Migrationsprozesse oder Diffusionsprozesse, zum anderen ist es auch möglich, sie nach formalen Kriterien zu beschreiben. Der formale Ansatz erlaubt die Definition allgemeiner räumlicher Veränderungstypen, denen die inhaltlichen Veränderungstypen zugeordnet werden können. Im folgenden werden daher formale räumliche Veränderungstypen vorgestellt, wie sie in der Kybernetik und der theoretischen Geographie formuliert sind. Dazu werden einige ausgewählte Ansätze präsentiert.

In der Kybernetik werden Veränderungen im Kontext von Systemen betrachtet. Ein System ist eine Gesamtheit von Elementen, die in Beziehung zueinander stehen (FLECHTNER 1970). Zu einem bestimmten Zeitpunkt t_1 befindet sich ein System S in einem bestimmten Zustand Z, der durch bestimmte Eigenschaften a,b,c,d des Systems oder der Elemente (z.B. Temperatur, Form, Farbe) gekennzeichnet ist. Der Zustand eines Systems kann demnach folgendermaßen formuliert werden: $Z(S)_{t1}$: (a,b,c,d ...).

Der Zustand eines Systems ist zeitlich nicht gleichbleibend. Systeme verändern sich, d.h. $Z(S)_{t2} \neq Z(S)_{t1}$. Veränderungen von Systemen sind auf verschiedene Weise möglich (FLECHTNER 1970:354ff.):

- Das System als Ganzes verändert sich.
- Das System verändert sich, weil seine Elemente sich verändern. Genauer: die Elemente sind noch die selben, sie sind aber nicht mehr die gleichen; ihre Eigenschaften haben sich verändert.
- Das System verändert sich, weil seine Elemente, die im Grenzfall die gleichen Eigenschaften behalten mögen, anders angeordnet sind, S daher umstrukturiert wird. Das System kann nicht nur *anders,* sondern *ein anderes* werden.
- Das System verändert sich dadurch, daß einige Elemente gegen andere ausgetauscht werden.

Der Systemgedanke findet auch in der theoretischen Geographie Anwendung. So beschreibt WIRTH (1979) räumliche Veränderungen im Kontext von Systemen. Er unterscheidet grundsätzlich:

(W_1) *Bewegungen* innerhalb von Systemen und
(W_2) *Veränderungen* von Systemen.

(W_1) *Bewegungen* führen dazu, daß „Dinge von einer Stelle des Raumes zu einer anderen gelangen" (WIRTH 1979:206). Bewegungen können zu veränderten Raumstrukturen führen, sie müssen dies aber nicht zwangsläufig tun. Zum Beispiel wird das Raumgefüge durch den täglichen Strom der Arbeitspendler insgesamt nicht verändert, wobei hingegen eine ständige Wanderungsbewegung der Landbevölkerung in die Stadt das Raumgefüge nachhaltig verändert.

(W_2) *Veränderungen von Systemen* führen immer zu veränderten Raumstrukturen. Sie können sein (WIRTH 1979:206ff.):

a) eine Ausbreitung von Sachverhalten im Raum, bei welcher sich die Areale des Vorhandenseins solcher Sachverhalte ausdehnen oder zusammenziehen.
b) eine Verdichtung oder zahlenmäßige Zunahme von Sachverhalten im Raum.
c) eine Veränderung von Sachverhalten oder Sachverhaltskomplexen im Raum, bei welcher diese umgeformt oder vorhandene Sachverhalte durch andere Sachverhalte ersetzt werden.

Die Gliederung der räumlichen Veränderungen in zwei Hauptgruppen wird – analog zu Wirth – auch von COFFEY (1981) vorgenommen. Er unterscheidet:

(C_1) Prozesse und
(C_2) Bewegungen

(C_2) *Prozesse* verändern kontinuierlich die Strukturen im Raum. Sie werden gegliedert in

a) das Wachstum; es bewirkt eine Zu- oder Abnahme von Quantitäten, und in
b) das sich Organisieren. Das sich Organisieren führt zu einer Veränderung der Struktur eines Systems. Die Elemente des Systems können dabei ihre Anordnung innerhalb des Systems oder ihre eigene interne Morphologie verändern.

(C$_2$) *Bewegungen* verändern die Position eines Objekts im Raum. Sie können durch verschiedene Merkmale charakterisiert werden, die die Bewegung beschreiben. COFFEY (1981:155ff.) führt im einzelnen auf:

- Maßstab der Bewegung
  Der räumliche wie auch zeitliche Maßstab sind ausschlaggebend dafür, ob eine Bewegung sichtbar wird oder ob nicht. Oft scheint in großem räumlichen Maßstab ein System statisch zu sein, bei kleinerem räumlichen Maßstab dagegen werden Bewegungen zwischen den Elementen des Systems deutlich. Gleiches gilt für den zeitlichen Maßstab. Ein zu klein gewählter Zeitausschnitt kann dazu führen, daß eine Bewegung nicht wahrgenommen werden kann, da die Veränderung nur in einem größeren Zeitabschnitt sichtbar wird.
- Modus, Medium und Dimension
  Modus und Medium beschreiben, worauf bzw. worin die Bewegung stattfindet (Land, Wasser, Luft) und womit sie erfolgt (Wind, Wasser). Die Dimension gibt an, ob die Bewegung linear, flächenhaft oder in einem Volumen abläuft.
- Substanz der Bewegung
  Die Substanz beschreibt, was bewegt wird, also den Gegenstand der Bewegung (z.B. Erwerbstätige).
- Volumen der Bewegung
  Das Volumen gibt an, wieviel bewegt wird (z.B. 100 000).
- Struktur der Bewegung
  Die Struktur definiert den räumlichen Verlauf der Bewegung. Dabei sind zu unterscheiden:
  - Distanz, über die eine Bewegung stattfindet
  - Richtung der Bewegung
  - Bahn der Bewegung
  - Muster der Knoten, die durch Bewegung verbunden sind
  - Hierarchie von Bewegungen
- interne Merkmale der Bewegung
  - Ausrichtung der Bewegung: Die Bewegung verläuft nur in eine Richtung (Fluß) oder sie verläuft „hin und her" (Gezeiten).
  - Stetigkeit der Bewegung: Die Bewegung ist kontinuierlich oder unterbrochen.
  - Dauer der Bewegung: Die Bewegung ist temporär oder permanent.
- Ursachen der Bewegung
  - Physikalische Bewegung resultiert aus Energie, die in Form physikalischer Kräfte auf in Objekt einwirkt. Tritt eine Bewegung auf, folgt sie den physikalischen Gesetzmäßigkeiten.
  - Sozialer Bewegung liegen ebenso Energie und physikalische Gesetze zu Grunde, doch ist die auslösende Kraft für die Bewegung ein zielorientiertes Verhalten von Personen.

Auch ABLER, ADAMS und GOULD (1972:238ff.) unterscheiden räumliche Veränderungen in:

(A$_1$) *Prozesse* und (A$_2$) *Bewegung*.

(A$_1$) *Prozesse* werden gegliedert in:

a) Diffusionsprozesse und
b) Organisationsprozesse.

(A$_2$) Die *Bewegung* wird von den Autoren vor allem hinsichtlich ihrer geometrischen Dimension analysiert und beschrieben. Sie reduzieren Bewegung auf ihre grundlegenden räumlichen Dimensionen, da dadurch der räumliche Aspekt der Bewegungen deutlich wird und verschiedene Bewegungen vergleichbar werden. Entsprechend den Dimensionen Punkt, Linie, Fläche und Volumen gliedern sie Bewegung in 16 verschiedene Typen (Tab. 2).

Tabelle 2. Typen von Bewegung (aus: ABLER et al. 1972:239)

Source *Destination*	Point	Line	Area	Volume
Point	1	2	3	4
Line	5	6	7	8
Area	9	10	11	12
Volume	13	14	15	16

Die temporale Animation macht die räumlichen Veränderungen in ihrem zeitlichen Ablauf sichtbar. Die Wiedergabe dieser räumlichen Veränderungen in einer Animation ist Gegenstand der folgenden Kapitel. Dazu sind die Komponenten und Methoden der allgemeinen Computer-Animation auf Ihre Anwendung in der kartographischen temporalen Animation zu untersuchen.

4.2
Komponenten der temporalen Animation

In der allgemeinen Computer Animation werden visuelle und akustische Komponenten unterschieden. Die visuellen Komponenten sind die Animationsobjekte, Szenen und Sequenzen sowie die Veränderungen. Die akustische Komponente bildet der Ton. Diese Komponenten müssen daraufhin untersucht werden, wie sie in der temporalen Animation anzuwenden sind.

4.2.1
Animationsobjekte, Szenen und Sequenzen

Die *Animationsobjekte* sind die Grundelemente einer Animation; sie werden gegliedert in Graphikobjekte, Kamera und Lichtquelle. In der kartographischen Animation werden die Animationsobjekte für die Darstellung von räumlichen Phänomenen und Raumstrukturen eingesetzt.

Die *Graphikobjekte* denotieren die Geoobjekte. Die geometrischen und graphischen Merkmale der Graphikobjekte geben dabei die geometrischen und substantiellen Merkmale der Geoobjekte wieder.

Die *Kamera* legt fest, wie die Graphik- bzw. Kartenobjekte dem Betrachter gezeigt werden. Die Kameraposition bestimmt den Aufnahmeort und damit den dargestellten Raumausschnitt. Die Distanz der Kamera zum Graphikobjekt bestimmt den Maßstab der kartographischen Darstellung. Richtungs- und Neigungswinkel bestimmen die Perspektive, aus der die Graphikobjekte betrachtet werden. Der Richtungswinkel legt dabei die Aufnahme- bzw. Blickrichtung fest, der Neigungswinkel legt den Blickwinkel, den Winkel der Projektionsachse zum Graphikobjekt fest.

Die *Lichtquelle* kann dreidimensionale Geoobjekte bzw. Graphikobjekte (z.B. das Relief) plastisch erscheinen lassen.

Die Animationsobjekte werden zu *Szenen* zusammengefaßt. Die Szene entspricht in der kartographischen Animation einer kartographischen Darstellung. Sie ist aus einer strukturierten Menge von Graphikobjekten aufgebaut und durch einen definierten Raumausschnitt, einen definierten Maßstab sowie eine definierte Betrachtungsperspektive festgelegt. Die Szenen einer temporalen Animation geben Geoobjekte und Raumstrukturen zu verschiedenen Zeitpunkten $t_1 - 1_n$ wieder. Sie zeigen einzelne *Zustände* des Raumes in einem festgelegten Zeitintervall.

Zusätzlich zur Darstellung der einzelnen Raumzustände müssen die Szenen einer kartographischen Animation – wie jede kartographische Darstellung (FREITAG 1987) – über eine Erläuterung in Form eines Titels, einer Zeichenerklärung und einer Zeitangabe verfügen Darüber hinaus können dem Nutzer zusätzliche Informationen, wie z.B. Hintergrundinformationen, gegeben werden, damit dieser die raumzeitlichen Veränderungen verstehen und einordnen kann. Diese Zusatzinformationen können entweder gesprochen (siehe Komponente Ton) oder in Form von Texten in die Animation eingefügt werden.

Die Erklärungen sind der dynamischen Darstellungsweise der Animation anzupassen. Dies gilt vor allem für die Zeichenerklärung. Die Zeichenerklärung sollte immer das zeigen, was im Kartenbild zu sehen ist; die Zeichenerklärung muß sich daher entsprechend den sich verändernden Graphikobjekten im Kartenbild verändern. Dies kann zum einen bedeuten, daß einzelne Zeichen der Legende in ihrer Ausprägung variieren, z.B. eine Farbveränderung bei einer Veränderung der Qualität. Weiter ist es möglich, daß die Zeichenerklärung ergänzt bzw. verkürzt wird durch die Zeichen, die im Laufe der Animation im Kartenbild neu hinzukommen bzw. wegfallen.

Auch die Zeitangabe muß sich der Dynamik der Darstellung anpassen. So ist es möglich, das Datum der einzelnen Szenen fortlaufend in Zahlen oder in Form einer dynamischen Graphik, z.B. durch einen wachsenden Zeitbalken oder eine laufende Uhr, anzugeben. Die graphische Zeitangabe hat den Vorteil, daß der Nutzer die einzelnen Zeitpunkte besser in Beziehung zu Anfangs- und Endpunkt des gesamten Zeitintervalls setzen kann, doch wird die genaue Verortung der einzelnen Zeitpunkte bei sehr engen Zeitskalen schwierig.

Mehrere zusammengehörigen Szenen werden zu einer *Sequenz* zusammengefaßt. In der temporalen Animation entspricht eine Sequenz einer Folge von Szenen, die eine raumzeitliche Veränderung in einem bestimmten Zeitintervall zeigt. Struktur und Rhythmus dieser Sequenz ist durch die zeitliche Abfolge, das Datum und die Dauer, der einzelnen Szenen bestimmt. Die chronologische Struktur kann jedoch durch Zeitsprünge oder Rückblenden unterbrochen werden. Die Unterbrechung des natürlichen Zeitverlaufs muß für den Nutzer sichtbar gemacht werden, z.B. durch nicht kontinuierliche Szenenübergänge wie Überblendung.

4.2.2
Veränderungen

Veränderungen in einer Animation sind Unterschiede, die zwischen den einzelnen Szenen auftreten. Die Veränderungen in einer temporalen Animation zeigen die Unterschiede von Raumzuständen in definierten Zeitintervallen, sie sind also raumzeitliche Veränderungen.

4.2.2.1
Typen raumzeitlicher Veränderungen

Raumzeitliche Veränderungen können durch ihre räumliche und durch ihre zeitliche Komponente charakterisiert werden. Die räumliche Komponente beschreibt den räumlichen, die zeitliche Komponente den zeitlichen Verlauf der Veränderung. Entsprechend lassen sich räumliche und zeitliche Typen von Veränderungen definieren.

Räumliche Veränderungstypen. Formale Typen räumlicher Veränderungen wurden bereits in Kapitel 4.1 vorgestellt. Dort wurden zwei Haupttypen von räumlichen Veränderungen unterschieden:

- die Bewegung und
- die Prozesse (COFFEY 1981) bzw. die Veränderung von Systemen (WIRTH 1979). Die Prozesse lassen sich differenzieren in Wachstum, Umformung und Umstrukturierung von Systemen oder Systemelementen.

Diese Veränderungen sind z.T. komplexe räumliche Veränderungen. Für die Animation ist es jedoch erforderlich, elementare Veränderungstypen, Veränderungsprimitiva, zu definieren, aus denen sämtliche Veränderungen der Animation aufgebaut werden können.

Räumliche Veränderungen lassen sich durch Veränderungen der geometrischen und substantiellen Merkmale von Geoobjekten beschreiben. Die geometrischen Merkmale sind Dimension und Lage im Raum. Die Dimension kann punkthaft, linienhaft und flächenhaft diskret sowie volumenhaft kontinuierlich sein. Die Lage der Geoobjekte im Raum ist durch die individuelle geometrische Ausprägung der einzelnen Geoobjekte festgelegt, z.B. durch die Ausdehnung einer bestimmten Fläche oder den Verlauf einer Linie. Die Substanz der Geoobjekte wird mit Hilfe qualitativer und quantitativer bzw. nominal-, ordinal-, intervall- und ratioskalierter Merkmale angegeben (Tab. 3).

Tabelle 3. Liste der herkömmlichen Geoobjektmerkmale

geometrische Merkmale				
Dimension	punkthaft	linienhaft	flächenhaft	Volumen
Lage	x,y-Koordinate	x,y-Koordinaten- folge offen	x,y-Koordinaten- folge geschlossen	Menge von x,y- Koordinaten
substantielle Merkmale				
Qualität	+	+	+	+
Quantität	+	+	+	+

Diese Merkmale sind jedoch für die Beschreibung von Geoobjektveränderungen nicht ausreichend. So ist z.B. mit den herkömmlichen Objektmerkmalen die Bewegung eines Geoobjekts von A nach B wie auch die Ausdehnung eines flächenhaften Geoobjektes als eine Veränderung der Lage zu definieren. Bewegung und Ausdehnung sind jedoch unterschiedliche Veränderungstypen, die auch unterschiedlich beschrieben werden müssen. Es ist daher erforderlich, die geometrischen Geoobjektmerkmale zu erweitern.

Für Geoobjekte lassen sich folgende geometrische Merkmale definieren:

- *Position*: die Position beschreibt die Verortung des Geoobjektes im Raum. Die Position eines punkthaften Objektes wird durch einen Koordinatenpunkt festgelegt, die eines linienhaften Objektes durch eine Koordinatenfolge, die Achse, und die eines flächenhaften Objektes durch den Mittel- oder Schwerpunkt des Objektes.
- *Form*: die Form beschreibt die äußere Gestalt eines Geoobjektes; sie ist nicht an die Position des Objektes gebunden. Das Merkmal Form kann bei den diskreten Geoobjekten nur den flächenhaften Geoobjekten zugewiesen werden, da nur sie ihre Gestalt ändern können ohne zugleich ihre Position zu ändern.
- *Größe*: die Größe beschreibt die Ausdehnung eines Geoobjektes. Das Merkmal kann flächenhaften und linienhaften Geoobjekten zugeordnet werden.

Kontinuierliche volumenhafte Geoobjekte nehmen eine Sonderstellung ein. Das Merkmal „Position" gibt die Position von Hilfspunkten, den Meßpunkten, wieder und damit nur indirekt die Position des eigentlichen Objektes. Die Merkmale Form und Größe leiten sich bei kontinuierlichen volumenhaften Geoobjekten aus den quantitativen Merkmalen ab. Es stellt sich daher die Frage, ob Form und Größe als geometrische Merkmale aufgeführt werden sollen oder ob sie implizit in den quantitativen Merkmalen enthalten sind.

Tabelle 4 listet die Merkmale auf, die im Kontext von Veränderungen für die Beschreibung von Geoobjekten anzuwenden sind. Die Geoobjekte werden aufgrund ihrer Dimension in punkt-, linien-, flächen- und volumenhafte Objekte gegliedert; ihnen werden die einzelnen Merkmale zugewiesen.

Aus diesen Merkmalen lassen sich folgende räumliche Veränderungstypen ableiten (Abb. 18). Sie können als elementare räumliche Veränderungen definiert werden, aus denen sich sämtliche komplexe räumliche Veränderungen aufbauen lassen. Sie sind die Veränderungsprimitiva für die temporale Animation.

Tabelle 4. Liste der erweiterten Geoobjektmerkmale

geometrische Merkmale				
Dimension	punkthaft	linienhaft	flächenhaft	Volumen
Position	x,y-Koordinate	x,y-Koordinaten-folge offen, (Achse)	Mittelpunkt oder Schwerpunkt	Menge von x,y-Koordinaten
Form	-	-	+	?
Größe	-	+	+	?
substantielle Merkmale				
Qualität	+	+	+	+
Quantität	+	+	+	+

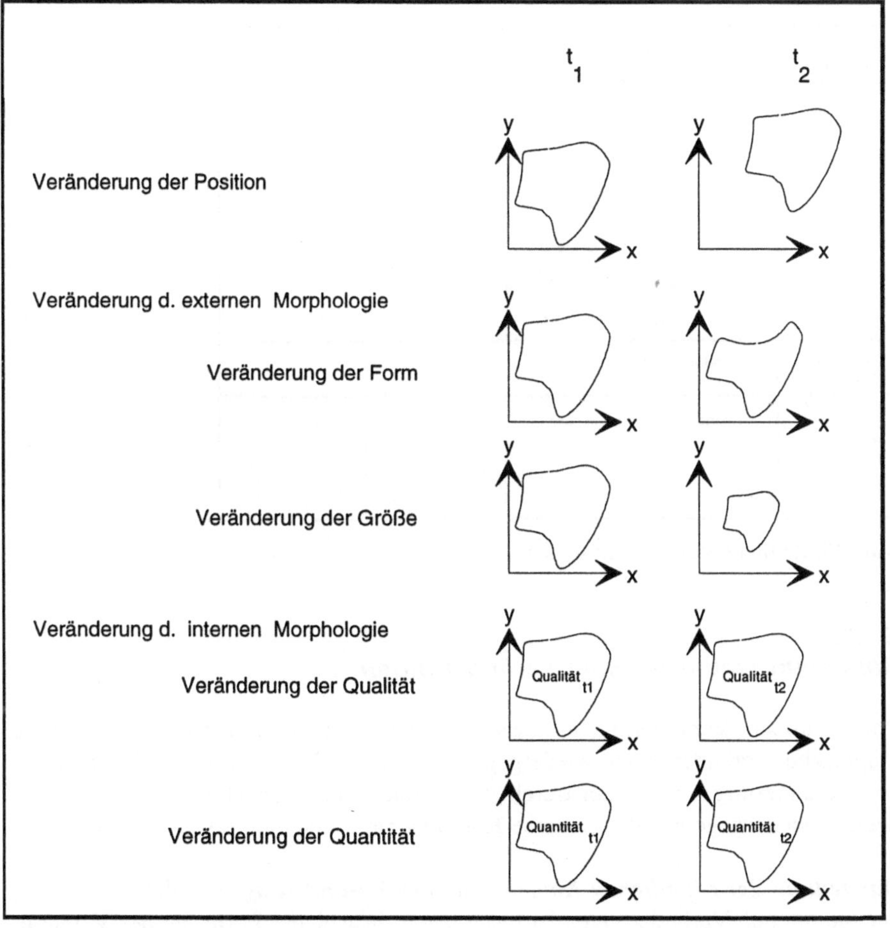

Abb. 18. Räumliche Veränderungstypen

Zeitliche Veränderungstypen. Die zeitliche Komponente von Veränderungen läßt sich durch den Ablauf einer Veränderung in einem bestimmten Zeitintervall definieren. Die Veränderung kann durch ihren Verlauf und ihr Auftreten in diesem Intervall beschrieben werden (Abb. 19). Entsprechend lassen sich folgende zeitliche Veränderungstypen formulieren:

a) dem zeitlichen Verlauf nach:
- kontinuierlich - stetige (gleichmäßige),
- kontinuierlich - unstetige (ungleichmäßige) oder
- diskrete Veränderung.

b) dem zeitlichen Auftreten nach:
- permanente,
- periodische,
- episodische oder
- einmalige Veränderungen.

zeitliches Kriterium	Veränderungstyp			
Zeitlicher Verlauf	kontinuierlich t_1 — t_n stetig / \ unstetig t_1 — t_n t_1 — t_n		diskret t_1 — t_n	
zeitliches Kriterium	Veränderungstyp			
Zeitliches Auftreten	permanent t_1 — t_n	periodisch t_1 — t_n	episodisch t_1 — t_n	einmalig t_1 — t_n

Abb. 19. Zeitliche Veränderungstypen

4.2.2.2
Darstellung raumzeitlicher Veränderungen

Raumzeitliche Veränderungen müssen in der Animation durch entsprechende graphische Veränderungen wiedergegeben werden. Die räumliche Komponente der Veränderung wird dabei durch die Veränderung von Graphikobjekten und Szenen wiedergegeben, die zeitliche Komponente durch die Präsentationszeit.

Darstellung der räumlichen Komponente der Veränderung. Für die Darstellung der räumlichen Veränderungen ist festzulegen, in welcher Form die der Veränderung zugrunde liegenden Daten zu zeigen sind und wie die Veränderung graphisch darzustellen ist.

- Wiedergabe der Daten
  Die Daten können entweder als originäre oder als aufbereitete Daten wiedergegeben werden. Mit Hilfe statistischer Verfahren ist es möglich, die Daten so zu
  bearbeiten, daß z.B. nur die Trends der Veränderung oder das Abweichen von
  einem bestimmten Schwellenwert angezeigt werden.

  Die Daten können außerdem sowohl im geographischen Raum als auch im
  statistischen Raum (attribute space) dargestellt werden. Im geographischen
  Raum wird die räumliche Verteilung, im statistischen Raum die statistische
  Verteilung der Daten sichtbar. Einen umfassenden Einblick in die räumliche
  Veränderung, wie er für die Exploration erforderlich ist, erhält man nur, wenn
  sowohl die geographische als auch die statistische Verteilung der Daten deutlich wird.

  Die Wiedergabeform der Daten in der Animation ist abhängig von der Intention der Animation (sollen Originaldaten oder Trends gezeigt werden). Außerdem wird sie von der Funktion der Animation (Animation für Exploration,
  Verifikation oder Demonstration) beeinflußt. Eine Animation für die Exploration wird die Daten in anderer Weise zeigen als eine Animation zur Demonstration.

- Graphische Darstellung
  Die graphische Darstellung der räumlichen Veränderungen wird durch Veränderungen der Graphikobjekte erreicht. Graphikobjekte der Animation sind
  durch ihre Merkmale Position, Form, Größe, Richtung, Farbe, Helligkeitswert
  und Textur charakterisiert. Veränderungen in der Animation beziehen sich auf
  diese Merkmale.

  Die Merkmale der Graphikobjekte geben bestimmte Merkmale der Geoobjekte wieder. Dementsprechend geben *Veränderungen* der Merkmale der Graphikobjekte bestimmte *Veränderungen* von Geoobjektmerkmalen wieder. Tabelle 5 zeigt, wie die Veränderungen der Graphikobjekte den Veränderungen
  von Geoobjekten zuzuordnen sind[2]:

Tabelle 5. Zuordnung der Veränderungen von Geoobjekten und Graphikobjekten

Veränderung der Geoobjekte	Veränderung der Graphikobjekte
Veränderung der Position	Veränderung der Position
Veränderung der externen Morphologie	
Veränderung der Form	Veränderung der Form
Veränderung der Größe	Veränderung der Größe
Veränderung der internen Morphologie	
Veränderung der Qualität	Veränderung der Form, Richtung (als nicht-figürliches Merkmal), Farbe und Textur
Veränderung der Quantität	Veränderung der Größe (als nicht-figürliches Merk-mal) und Helligkeit

[2] Die Zuordnung weicht an manchen Stellen von dem von BERTIN (1974) aufgestellten
System der graphischen Variablen ab. Der Autorin scheint dies jedoch erforderlich, da
im Kontext der Veränderungen von Geoobjekten und Graphikobjekten das Bertin'sche
System nur bis zu einem gewissen Grad anwendbar ist.

Diese Veränderungen der Graphikobjekte sind die *elementaren graphischen* Veränderungen in einer temporalen Animation; sie sind die graphischen Animationsprimitiva, aus denen sich jede temporale Animation aufbauen läßt[5].

Darstellung der zeitlichen Komponente der Veränderung. Die zeitliche Komponente der Veränderung eines Geoobjektes wird durch die Realzeit, durch das Datum, an dem sie auftritt, und durch ihre Dauer beschrieben. Die Realzeit wird in der Animation durch die Präsentationszeit wiedergegeben. Für die korrekte Wiedergabe der Realzeit durch die Präsentationszeit ist es erforderlich, einen *Zeitmaßstab* zu bestimmen, in dem das Verhältnis von Realzeit und Präsentationszeit festgelegt ist:

x Zeiteinheiten Realzeit = 1 Zeiteinheit Präsentationszeit, z.B. 10 Jahre = 1 ZE Präsentationszeit.

Der Zeitmaßstab kann in einer Animation gleich bleiben. Es ist aber auch möglich, ihn in bestimmten Situationen zu verändern, z.B. wenn eine Vielzahl von schnell verlaufenden Veränderungen auftreten. Für die detaillierte Betrachtung all dieser Veränderungen kann es erforderlich sein, ein „zeitliches Zooming" durchzuführen, d.h. einen größeren Zeitmaßstab zu wählen. Damit wird die zeitliche Auflösung in der Animation verändert, die Veränderungen sind dadurch besser wahrnehmbar, und es können (falls die Datenbasis es erlaubt) zusätzliche Veränderungen gezeigt werden, die bei kleinerem Maßstab nicht präsentiert werden.

Veränderungen des Zeitmaßstabs sind dem Benutzer anzuzeigen, um Fehlinterpretationen zu vermeiden. Dies kann durch eine veränderte Darstellung der Zeitangabe erfolgen oder durch einen deutlichen Bruch in der Animation, der mit Hilfe von *nicht* kontinuierlichen Szenenübergängen (Transitions, wie z.B. Überblendung) erreicht werden kann.

Der Zeitmaßstab ist eine relative Größe, die das Verhältnis von Realzeit zu Präsentationszeit wiedergibt. Er bestimmt jedoch nicht die *Geschwindigkeit*, in der die Animation abläuft. Die Definition der Geschwindigkeit erfolgt über die Zuordnung eines absoluten Zeitwertes zu der Präsentationszeiteinheit (PZE) z.B. 1 PZE = 1 Sek. Die Geschwindigkeit sollte vom Benutzer selbst variabel bestimmt werden können.

---

[5] Möglichkeiten und Probleme der Datenwiedergabe und graphischen Darstellung von räumlichen Veränderungen werden in diesem Rahmen nicht weiter diskutiert, da eine umfassende Abhandlung dieser Fragen weitergehende Untersuchungen methodischer wie auch perzeptorischer und kognitiver Art erfordern. Sie müssen Gegenstand zukünftiger Forschungsarbeiten auf dem Gebiet der kartographischen Animation sein. Erste Arbeiten dazu wurden von DIBIASE et al. (1991), MACEACHREN et al. (1991) und MONMONIER (1990a, 1992, 1993) vorgelegt.

4.2.3
Ton

Die Anwendung des Tons für die Informationsübermittlung wurde bisher in der Kartographie nicht ernstlich in Erwägung gezogen. Eine Ausnahme bilden die computergestützten Kfz-Navigationssysteme wie z.B. der Autopilot. Bei diesen Navigationssystemen wird dem Nutzer zusätzlich zur visuellen kartographischen Wegbeschreibung eine auditive Wegbeschreibung mittels Stimme gegeben, um die Informationsübermittlung zu verbessern und die Aufnahme der Information zu erleichtern. Mit dem Einsatz des Computers als Präsentationsmedium in der Kartographie, der die Erzeugung, Kombination und Wiedergabe von Tönen und Bildern und damit die multimediale Präsentation von Information ermöglicht, ist jedoch zu überlegen, ob der Ton in der Kartographie nicht in verstärktem Maße für die Übermittlung von Information herangezogen werden kann.

Ton wird in der Animation, wie ganz allgemein im Film und in der Werbung eingesetzt, um die Wahrnehmung zu schärfen und um die visuelle Botschaft zu unterstützen und zu bekräftigen.

Die verstärkende Wirkung des Tons für die Informationsaufnahme belegt ein Versuch, in dem Testpersonen Information visuell als Text oder Graphik sowie akustisch in Form von gesprochenen Worten dargeboten wurde. Die Versuchspersonen behielten über einen längeren Zeitraum ~50% der Information, wenn sie visuell *und* akustisch dargeboten wurde, jedoch nur ~30%, bei einer rein visuellen und ~20% bei einer rein akustischen Präsentation (HARTMANN et al. 1991).

Das Potential des Tons für die Informationsübertragung wird inzwischen in verschiedenen Anwendungsbereichen genutzt. So werden vermehrt Benutzeroberflächen von Computerprogrammen mit Piktogrammen (Icons) und damit verbundenen Tönen (Earcons) entwickelt. Lernprogramme kombinieren zunehmend visuelle und akustische Information.

Auch in wissenschaftlichen Disziplinen findet Ton Anwendung für die Informationsübertragung. Er wird eingesetzt für die „akustische Visualisierung" von Daten im Rahmen der Datenexploration wie auch der Datendemonstration (BLEY 1982). Verschiedene Untersuchungen machten deutlich, daß die akustische Repräsentation von multidimensionalen und Zeitreihendaten beim Zuhörer ein Datenmuster erzeugen konnte (LUNNEY et al. 1981; MANSUR et al. 1985).

Zum Beispiel zeigte ein Versuch, daß Chemiestudenten in der Lage waren, chemische Verbindungen aus einer akustischen Repräsentation zu erkennen. Die Treffsicherheit betrug 90% vor und 98% nach einer Trainingsphase (YEUNG 1980).

Der Einsatz des Tons in der Kartographie erfordert es, die verschiedenen Anwendungsmöglichkeiten des Tons für die Informationsübermittlung zu untersuchen. Dazu sind die Funktionen des Tons zu definieren, um daraus Einsatzbereiche abzuleiten.

Ton kann folgende Funktionen haben (SCHMIDT 1976; HELMS 1981; THIEL 1981). Er dient

- der Illustration,
- der Interpretation und Kommentierung,

- der Erhöhung der Lern- und Gedächtnisleistung,
- der Erregung der Aufmerksamkeit.

Die drei Erscheinungsformen des Tons, die Musik, das Geräusch und das gesprochene Wort, eignen sich in unterschiedlicher Weise für die aufgeführten Funktionen.

Musik kann für die Illustration sowie für die Erhöhung der Lern- und Gedächtnisleistung eingesetzt werden. Die musikalische Illustration einer Bildsequenz kann eine Paraphrasierung, eine Polarisierung oder auch eine Kontrapunktierung sein (SCHMIDT 1976). Eine paraphrasierende Musik gibt den Bildinhalt direkt wieder, eine polarisierende Musik kann mehrdeutige, ambivalente Bilder in eine bestimmte Ausdrucksrichtung schieben, eine kontrapunktierende Musik widerspricht den Bildinhalten. Die Erhöhung der Lern- und Gedächtnisleistung wird durch musikalische Leitmotive erreicht, die bestimmte Informationseinheiten wiedergeben und sich wiederholen.

Geräusche oder *Einzeltöne*, die unvermittelt ertönen, eignen sich für die Erregung der Aufmerksamkeit des Zuschauers bzw. Zuhörers.

Das *gesprochene Wort* schließlich kann für Interpretation und Kommentierung der Bildinhalte herangezogen werden.

Für die kartographische temporale Animation lassen sich daraus folgende Anwendungen des Tons ableiten:

Musik (eine Folge von Tönen) kann in der temporalen Animation durch Paraphrasierung die raumzeitlichen Veränderungen akustisch wiedergeben. Musik eignet sich in besonderer Weise, die zeitliche Dimension und damit die Dynamik der Veränderung wiederzugeben. ZUCKERKANDL (1969:135) betrachtet Musik sogar als *das* Kommunikationsmittel für die Präsentation von Zeit und die darin ablaufenden Veränderungen „To be sure, the eye shows us unaltered things that change their place. But the ear? Hearing a melody is the clear perception of a movement which is not attached to a mobile, of a change without anything changing. This change is enough, it is the thing itself. ... Compared with seeing and touching, hearing proves to be the faculty that gets to the essence; ... Instead of asking how we can perceive motion with the ear *too*, we find that the core of the process of motion ... is *directly* perceptible *only* with the ear."

Für die Gestaltung der des Soundtracks einer Animation stehen verschiedene akustische Elemente zur Verfügung (Kap. 3.1.3). Sie lassen sich für den Soundtrack einer temporalen Animation folgendermaßen anwenden:

- Tonhöhe - Melodie
  Die Tonhöhe kann die Art der Veränderung zeigen. Eine Folge von höher werdenden Tönen kann die Zunahme, eine Folge von tiefer werdenden Tönen die Abnahme eines Datenwertes wiedergeben. Damit sind Veränderungen der Quantität wie auch der Größe eines Geoobjektes anzuzeigen. Der Unterschied der Tonhöhen kann proportional zu den Unterschieden der Datenwerte sein. Außerdem ist es möglich, eine festgelegte Tonfolge, eine Melodie, bestimmten Veränderungen zuzuordnen und diese als Leitmotiv einzusetzen. Das Auftreten dieses Leitmotivs macht das zeitliche Muster der Veränderung (permanent, periodisch, episodisch, einmalig) deutlich.

- Timbre
  Das Timbre eines Tons ermöglicht eine qualitative Unterscheidung von Tönen. Timbre kann daher eingesetzt werden, um Veränderungen der Qualität eines Geoobjektes darzustellen, oder um die Veränderung mehrerer Geoobjekte oder mehrerer Geoobjektmerkmale *gleichzeitig* wiederzugeben.
- Lautstärke
  Lautstärke kann – wie die Tonhöhe – die Zu- oder Abnahme eines Wertes wiedergeben. Sie eignet sich daher für die Darstellung von Veränderungen der Quantität oder der Größe. Die Zunahme der Lautstärke bedeutet eine Zunahme des Datenwertes, umgekehrt bedeutet die Abnahme der Lautstärke eine Abnahme des Datenwertes. Die Unterschiede in der Lautstärke können proportional zu denen der Datenwerte sein. Lautstärke ist jedoch auch einsetzbar, um auf eine eintretende Veränderung hinzuweisen, oder um eine plötzliche Veränderung zu betonen.
- Dauer des Tons - Rhythmus - Geschwindigkeit
  Die Dauer eines Tons gibt die Dauer eines Zustandes eines Geoobjektes wieder. Die Dauer der einzelnen Töne in einer Tonfolge bestimmt den Rhythmus und die Geschwindigkeit der Tonfolge. Sie machen den zeitlichen Ablauf, die Dynamik einer Veränderung deutlich und sind damit bedeutendes Ausdrucksmittel in der temporalen Animation.
- Lage des Tons im Raum
  Dreidimensionale Musik ermöglicht es, Töne im Hörraum zu verorten. Dadurch wird die Richtung und die Distanz von Tönen hörbar und es kann die räumliche Dimension von Veränderungen wahrgenommen werden. Eine Veränderung der Position eines Geoobjektes ist durch eine Veränderung der Position des Tons im Hörraum anzeigbar. Ein dreidimensionales Verorten von Tönen ist außerdem erforderlich, wenn mehrere Veränderungen an verschiedenen Orten gleichzeitig präsentiert werden sollen.

Geräusche oder *Einzeltöne* können auf Besonderheiten in den Veränderungen hinweisen; z.B. kann ein Signalton oder -geräusch erzeugt werden, wenn ein Schwellenwert während der Veränderung überschritten wird.

Das *gesprochene Wort* kann in der kartographischen temporalen Animation die graphische Legende ergänzen oder sie sogar ersetzen. Die dynamische und sequentielle Darstellung der Animation erfordert auch eine solche Erklärung der Karteninhalte. Das gesprochene Wort ist eine mögliche Präsentationsform dafür. Ein gesprochener Text kann verschiedene Funktionen erfüllen:

- der Text beschreibt die Veränderung; er gibt ausschließlich das Geschehen der Animation, die raumzeitliche Veränderung, mündlich wieder.
- der Text erläutert die Veränderung; er erklärt Zusammenhänge, Ursache und Wirkung der raumzeitlichen Veränderung.
- der Text kommentiert die Veränderung; er gibt zusätzliche, bewertende Informationen, die nicht in der Animation zu sehen sind.

Zusammenfassend läßt sich festhalten, daß Ton in vielfältiger Weise in der kartographischen temporalen Animation einsetzbar ist. Er kann die raumzeitlichen

Veränderungen akustisch wiedergeben und durch Informationsredundanz die Information verstärken. Vor allem eignet sich Ton, die Dynamik von raumzeitlichen Veränderungen wiederzugeben. Ton kann außerdem auf bestimmte Ereignisse hinweisen und die kartographische Animation erklären und erläutern.

4.3
Animationsprozeß

4.3.1
Konzeption

Die Konzeption der Animation legt den Inhalt, die Struktur und die Gestaltung sowie den Rhythmus und die Geschwindigkeit der Animation fest. Sie ist die Grundlage jeder Animation. In diesem gedanklichen Entwurf sind verschiedene Kriterien zu berücksichtigen, um eine auf die beabsichtigte Funktion ausgerichtete Animation zu erhalten.

Im folgenden wird daher aufgezeigt, welche Kriterien für die Konzeption einer temporalen Animation zu berücksichtigen sind, und wie die Kriterien im Hinblick auf die verschiedenen Funktionen der kartographischen Animation anzuwenden sind.

4.3.1.1
Kriterien für die Konzeption einer temporalen Animation

Funktionskriterien. Die Funktion ist das übergeordnete Kriterium für die Konzeption einer Animation. Für die kartographische Animation wurden folgende Funktionen unterschieden (Kap. 2.4.1):

- die Explorationsfunktion,
- die Verifikationsfunktion und
- die Demonstrationsfunktion.

Nutzungskriterien. Aus den Animationsfunktionen lassen sich verschiedene Nutzertypen und Nutzungssituationen ableiten:

- *Nutzertypen*
  - der Nutzer, der Wissen über das Thema hat und neue Erkenntnisse darüber erlangen oder seine Erkenntnisse überprüfen will,
  - der Nutzer, der über ein Thema informiert werden soll.
- *Nutzungssituationen*
  - die Animation wird von einer Person erstellt und zugleich genutzt,
  - die Animation wird von einer Person erstellt und von anderen Personen genutzt.

Inhaltskriterien. Der Inhalt einer Animation resultiert zum einen aus dem Thema, der raumzeitlichen Veränderung, und zum anderen aus der Funktion der Animation. So hat jede temporale Animation als zentralen Teil die raumzeitliche Veränderung, die Darbietung der Veränderung variiert jedoch entsprechend der Funktion. Eine Animation zur Demonstration braucht z.B. zusätzlich zur raumzeitlichen Veränderung ergänzende Erklärungen. Eine Animation zur Exploration dagegen kann auf Erklärungen verzichten; sie muß jedoch einen umfassenden Einblick in die raumzeitliche Veränderung geben. Bei der Festlegung des Inhalts sind folgende Punkte zu berücksichtigen:

- Welches Thema wird dargestellt?
- Wie werden die Daten dargeboten?
  - welche Datenstruktur (originäre, aufbereitete Daten)?
  - welcher Datenraum (geographischer Raum, statistischer Raum (attribute space))?
  - welcher Zeitmaßstab und welche zeitliche Auflösung?
- Welche Ergänzungen in graphischer und textlicher Form werden hinzugefügt?

Strukturkriterien. Die Struktur der Animation bestimmt die Reihenfolge der einzelnen Szenen, Veränderungen und Sequenzen. Sie wird in der temporalen Animation zum einen durch die Daten bestimmt, nämlich die zeitliche Reihenfolge und Dauer der einzelnen räumlichen Zustände und Veränderungen, zum anderen jedoch auch durch „dramaturgische" Kriterien, die die Animation entsprechend ihrer Funktion aufbauen.

Anregungen für den dramaturgischen Aufbau einer kartographischen Animation bietet die Literatur zur Erstellung von wissenschaftlichen Texten. Für den Aufbau wissenschaftlicher Texte wird folgende Gliederung vorgeschlagen (LENMARK-ELLIS 1989):

1. Aufmerksamkeit für das Thema erregen
2. Einführung in das Thema
3. Hauptteil/Thema
   - vom Bekannten zum Unbekannten
   - vom Einfachen zum Komplexen
   - vom Überblick zum Detail
4. Schluß
   - Wiederholung wichtiger Punkte
   - Synthese aller erwähnten Punkte
   - Betonung der Bedeutung des Themas
   - Ausblick in die Zukunft.

Schließlich müssen noch die Schlüsselszenen festgelegt werden, die die Eckpfeiler der Handlung und damit den Referenzrahmen für die Animation bilden. Die Wahl der Schlüsselszenen orientiert sich in der temporalen Animation am zeitlichen Verlauf der Veränderung. So sind für stetig verlaufende Veränderungen nur zwei Schlüsselszenen zu definieren, nämlich Anfangs- und Endszene der Veränderung, während bei unstetig verlaufenden Veränderungen für jede Abweichung im Veränderungsverlauf eine Schlüsselszene zu setzen ist und damit entsprechend mehr Schlüsselszenen festzulegen sind (Abb. 20).

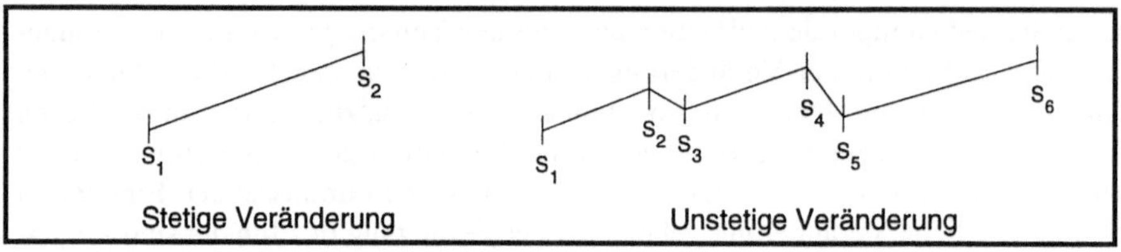

Abb. 20. Definition von Schlüsselszenen

Gestaltungskriterien. Für die Gestaltung der temporalen Animation stehen visuelle und akustische Ausdrucksmittel zur Verfügung.

Die *visuelle Gestaltung* der Animationsobjekte erfolgt an den definierten Schlüsselszenen; aus ihnen wird die Gestaltung der restlichen Szenen der Animation abgeleitet. Die Schlüsselszenen sind mit Hilfe kartographischer Darstellungsmodelle und der graphischen Variablen nach zeichentheoretischen Kriterien so zu gestalten, daß sie die zugrundeliegenden raumzeitlichen Daten repräsentieren. Da die Animation eine dynamische Präsentation ist, sind jedoch einige Besonderheiten zu berücksichtigen. So ist in temporalen Animationen die Differenz der darzustellenden Minimumwerte zu Zeitpunkt t_1 und den Maximumwerten zu Zeitpunkt t_x oft sehr groß; dies ist bei der Wahl der Signaturen und des Signaturenmaßstabes zu beachten. Außerdem ist die Legende einer Animation stets an den Karteninhalt anzupassen. Schließlich ist darauf zu achten, daß die einzelnen kartographischen Darstellungen in schneller Folge am Bildschirm gezeigt werden. Die Darstellungen sollten daher nicht zu komplex sein. Wissenschaftlich überprüfte Kriterien für die visuelle Gestaltung kartographischer Animationen können in diesem Zusammenhang jedoch noch nicht gegeben werden, da noch einige Forschung auf diesem Gebiet erforderlich ist.

Die *akustische Gestaltung* ist so vorzunehmen, daß die raumzeitlichen Veränderungen durch den Ton wiedergegeben werden. Dabei kann Musik Ereignisse und Veränderungen in einem „akustischen Bild" wiedergeben. Geräusche und Einzeltöne können auf besondere Ereignisse oder abrupte Veränderungen hinweisen und sie betonen. Das gesprochene Wort kann die räumlichen Veränderungen beschreiben, erklären und ergänzen.

Rhythmus- und Geschwindigkeitskriterien. Rhythmus und Geschwindigkeit definieren die zeitliche Komponente der Animation. In der temporalen Animation ist der Rhythmus durch die Daten, das zeitliche Datum der einzelnen Raumzustände, vorgegeben; er kann also nicht frei definiert werden. Die Geschwindigkeit kann dagegen vom Nutzer frei gewählt werden, da sie von den Daten unabhängig ist.

Aus den aufgeführten Kriterien lassen sich allgemeine Richtlinien zur Konzeption einer Animationen für die verschiedenen Funktionen (Exploration, Verifikation, Demonstration) ableiten.

4.3.1.2
Richtlinien für die Konzeption einer temporalen Animation zur Exploration

In einer temporalen Animation zur Exploration werden Datensätze von raumzeitlichen Veränderungen daraufhin untersucht, welche räumlichen und zeitlichen Muster, welche Charakteristika die Daten aufweisen. Während der Exploration sollen Probleme sichtbar und Fragen entwickelt werden, die in darauffolgenden Analysen der Daten genauer erforscht werden. Nutzer der Explorationsanimation ist ein motivierter Spezialist, der bereits Vorkenntnisse über das Thema hat und neue Erkenntnisse gewinnen möchte. Die Erstellung und Nutzung der Animation erfolgt durch dieselbe Person in einer interaktiven Computersitzung.

Für die Konzeption ergeben sich daraus folgende Richtlinien.

Inhalt. Die Animation soll einen detaillierten Einblick in raumzeitliche Veränderungen geben. Die Animation muß daher mehrere zeitliche Sequenzen beinhalten, die die raumzeitlichen Daten in unterschiedlicher Weise wiedergeben. Die Daten sollen deshalb folgendermaßen dargeboten werden:

- als originäre und aufbereitete Daten,
- als Datenverteilung sowohl im geographischen als auch im statistischen Raum,
- in verschiedenen zeitlichen Auflösungen (zeitliches Zooming).

Erläuternde Texte sind nicht erforderlich.

Struktur. Die Animation ist aus mehreren zeitlichen Sequenzen aufgebaut. Daraus ergibt sich eine Strukturenhierarchie. Die Struktur der Animation ist innerhalb der einzelnen Sequenzen chronologisch. Die Anordnung der einzelnen Sequenzen in der Animation ist vom Benutzer entsprechend seiner Intention zu bestimmen. In der Explorationsanimation nimmt das Thema, die raumzeitliche Veränderung, die gesamte Animation ein. Einführung und Schluß sind nicht erforderlich.

Gestaltung. Die visuelle Gestaltung der Schlüsselszenen ist entsprechend dem Veränderungstyp nach zeichentheoretischen Kriterien durchzuführen.

Die akustische Gestaltung der Explorationsanimation ist so vorzunehmen, daß das Suchen und Auffinden von Datenmustern unterstützt wird. Dazu sind den geräumlichen Daten neben den graphischen Merkmalen auch akustische Merkmale (Tonhöhe, Timbre, Lautstärke, Dauer des Tons, Lage des Tons im Raum) zuzuordnen, die die Daten und damit die raumzeitliche Veränderung in akustischer Form wiedergeben. Der Soundtrack der Explorationsanimation ist direkt aus den zugrundeliegenden geräumlichen Daten abzuleiten. Die dabei entstehende Tonfolge ermöglicht es dem Benutzer, Veränderungsmuster in den Daten zuerkennen. Zum Beispiel kann durch Auftreten eines bestimmten Tons oder einer Tonsequenz, die einer Veränderung oder einem Ereignis zugeordnet sind, der Rhythmus einer räumlichen Veränderung in einem definierten Zeitintervall akustisch wahrgenommen werden.

Eine weitere Möglichkeit des Tons für die Exploration ist die Signalwirkung von Geräuschen oder Einzeltönen. Geräusche bzw. Einzeltöne können Schwellenwerten zugeordnet werden. Erfolgt eine Überschreitung dieser Schwellenwerte im Laufe der räumlichen Veränderung, ertönt das Geräusch und macht den Nutzer darauf aufmerksam.

Rhythmus/Geschwindigkeit. Der Rhythmus der Animation ist durch die Daten, nämlich Datum und Dauer der Veränderung, festgelegt. Die Geschwindigkeit darf in der Explorationsanimation nicht konstant sein, da unterschiedliche Geschwindigkeiten unterschiedliche Einblicke in die Daten vermitteln. So werden erst bei schnellen Geschwindigkeiten bestimmte Muster in den Daten sichtbar (Phi-Phänomen).

4.3.1.3
Richtlinien für die Konzeption einer temporalen Animation zur Verifikation

Die Verifikationsanimation ist der Explorationsanimation sehr ähnlich. Beide Animationsformen sind im Bereich des „visuellen Denkens" angesiedelt und dienen dazu, Wissen zu erlangen (Kognitionsfunktion FREITAG 1993). In der Exploration soll Wissen durch Suchen erlangt werden; in der Verifikation soll Wissen durch Überprüfung gewonnen werden. Auch der Nutzertyp und die Nutzungssituation entsprechen sich. Der Nutzer ist motiviert und verfügt über Vorwissen; Nutzung und Erstellung erfolgen durch dieselbe Person.

Die Konzeption der Animation zur Verifikation unterscheidet sich daher nur geringfügig von der Konzeption der Explorationsanimation. Struktur, graphische und akustische Gestaltung sowie Rhythmus und Geschwindigkeit sind wie in der Explorationsanimation festzulegen. Ebenso können die Daten in originärer oder aufbereiteter Form, im geographischen oder statistischen Raum und auch in verschiedenen zeitlichen Auflösungen gezeigt werden. Die konkrete Darbietung der Daten muß sich am Ziel der Animation, nämlich der Überprüfung von Hypothesen, orientieren.

4.3.1.4
Richtlinien für die Konzeption einer temporalen Animation zur Demonstration

Eine temporale Animation für die Demonstration raumzeitlicher Veränderungen soll in das jeweilige Thema einführen und die Veränderungen in ihrem zeitlichen Ablauf anschaulich präsentieren. Zielgruppe dieser Animation sind Nutzer, die noch keine oder nur geringe Kenntnisse über das Thema besitzen und deren Interesse für das Thema oft erst geweckt werden muß. Erstellung und Nutzung der Animation erfolgt durch verschiedene Personen.

Für das Konzept einer Animation zur Demonstration ergeben sich daraus folgende Richtlinien.

Inhalt. Die Animation soll dem Nutzer eine raumzeitliche Veränderungen zeigen und verständlich machen. Die Animation soll daher eine Sequenz, die die raumzeitliche Veränderung präsentiert, beinhalten sowie erläuternde Text- und Graphiksequenzen. Der zeitlichen Sequenz können entweder die originären Daten oder aufbereitete Daten zugrundeliegen.

Struktur. Die Struktur der zeitlichen Sequenz ist chronologisch. Der Aufbau der gesamten Animation ist folgendermaßen zu gestalten:
- *Aufmerksamkeit erwecken:* Die Aufmerksamkeit kann mit Hilfe eines Textes, einer graphischen Darstellung oder auch mit Hilfe des Tons geweckt werden.
- *Einführung:* Die Einführung muß deutlich machen, *was* die Animation zeigt; zusätzlich können die Hintergründe und Zusammenhänge der raumzeitlichen Veränderung angedeutet werden.
- *Thema/Hauptteil:* der Hauptteil zeigt die raumzeitliche Veränderung.
- *Schluß:* Der Schluß ist ein wichtiger Bestandteil der Demonstrationsanimation. Er kann
    - den Inhalt noch einmal zusammenfassen und in einer Überblicksgraphik zeigen,
    - die Wichtigkeit des Themas betonen durch einen ergänzenden Text oder eine ergänzende Graphik,
    - das Thema in einen größeren Kontext stellen durch zusätzliche Hintergrundinformationen,
    - einen Ausblick in die Zukunft geben, z.B. durch Extrapolation der Veränderung in die Zukunft.

Gestaltung. Die visuelle Gestaltung ist entsprechend dem Veränderungstyp nach zeichentheoretischen Kriterien vorzunehmen.

Für die akustische Gestaltung sind in der Demonstrationsanimation in erster Linie gesprochene Texte zur Beschreibung, Erläuterung und Kommentierung zu wählen. Zusätzlich kann eine Begleitmusik eingesetzt werden, um die Aufmerksamkeit des Nutzers zu erhöhen. Die Musik sollte paraphrasierend sein, da dadurch eine redundante Informationswiedergabe erzielt wird. Sie muß sich nicht – wie in der Explorationsanimation – direkt aus den georäumlichen Daten ableiten.

Rhythmus/Geschwindigkeit. Der Rhythmus der Animation ist durch das zeitliche Datum der einzelnen Daten vorgegeben. Die Präsentationsgeschwindigkeit ist in der Demonstrationsanimation gleich zu halten, jedoch sollte der Nutzer interaktiv eine für ihn angemessene Geschwindigkeit wählen können.

4.3.1.5 Zusammenfassung

Tabelle 6 faßt die Kriterien und Richtlinien, die für die Konzeption temporaler Animationen für die verschiedenen Funktionen entwickelt wurden, zusammen und stellt sie vergleichend gegenüber.

Tabelle 6. Kriterien zur Konzeption einer temporalen Animation für verschiedene Funktionen

Funktion Kriterien	Exploration	Verifikation	Demonstration
Nutzertyp Nutzungssituation	Nutzer mit Vorwissen Nutzung und Erstellung von derselben Person	wie Exploration wie Exploration	Nutzer ohne Vorwissen Nutzung und Erstellung von verschiedenen Personen
Inhalt	mehrere zeitl. Sequenzen mit: originären und aufbereiteten Daten, verschiedenen Darstellungsräumen, verschiedenen zeitlichen Auflösungen	wie Exploration, jedoch an Hypothesen orientiert.	eine zeitl. Sequenz mit nur einer Darstellungsform, erläuternde Texte und Graphiken
Struktur	*einer Sequenz*: durch Daten vorgegeben. *Gesamtstruktur*: nur eigentliches Thema, Strukturierung von der Intention des Nutzers abhängig	wie Exploration	*einer Sequenz*: durch Daten vorgegeben. *Gesamtstruktur*: Aufmerksamkeit wecken Einführung Hauptteil/Thema Schluß (Wiederholung, Betonung, Ausblick)
Gestaltung visuell	graphische Variablen zur Darstellung räuml. Veränderungen	wie Exploration	graphische Variablen zur Darstellung räuml. Veränderungen
akustisch	Folge von Tönen sowie Signaltöne zur akustischen Wiedergabe von räuml. Veränderungen	wie Exploration	Stimme zur Beschreibung, Erklärung und Ergänzung, Musik zur Erhöhung der Aufmerksamkeit
Rhythmus Geschwindigkeit	vorgegeben muß variieren	wie Exploration wie Exploration	vorgegeben ist konstant

4.3.2
Erzeugung

Die Erzeugung einer temporalen Animation umfaßt die Modellierung der Animationsobjekte sowie die Formulierung von Veränderungsvorschriften, die die raumzeitlichen Veränderungen beschreiben. Aus den Animationsobjekten und Veränderungsvorschriften wird mit Hilfe der verschiedenen Techniken die gesamte Animation erstellt.

4.3.2.1
Modellierung der Animationsobjekte

Bei der Modellierung werden die einzelnen Animationsobjekte (Graphikobjekt, Kamera und Lichtquelle) durch die Definition ihrer Merkmale festgelegt und beschrieben. Die Modellierung erfolgt für die in der Konzeption festgelegten Schlüsselszenen. Die Animationsobjekte einer temporalen Animation werden aus Geoobjektmodellen abgeleitet, die die Raumzustände verschiedener Zeitpunkte repräsentieren.

Modellierung der Graphikobjekte. Die Modellierung der Graphikobjekte ist so durchzuführen, daß die geometrischen und substantiellen Merkmale der Geoobjekte zum Zeitpunkt t durch die Merkmale der Graphikobjekte wiedergegeben werden.

- Geometrische Modellierung
  Geoobjekte werden ihrer geometrischen Dimension nach in diskrete punkt-, linien- und flächenhafte Objekte sowie in kontinuierlich verteilte volumenhafte Objekte unterschieden. Darüber hinaus können scharf umgrenzte und nicht scharf umgrenzte Objekte, sog. fuzzy objects, unterschieden werden: z.B. Landnutzungsflächen als scharf umgrenzte Objekte, Luft- und Wasserströmungen als fuzzy objects.

  Die geometrische Modellierung der Graphikobjekte ist entsprechend dieser Merkmale und der individuellen Ausprägung der zu repräsentierenden Geoobjekte mit Hilfe der verschiedenen Modellierverfahren durchzuführen (Kap. 3.2.2):
  - Modellierung diskreter punkt-, linien- und flächenhafter Objekte durch Digitalisierung mittels Digitalisiertablett,
  - Modellierung kontinuierlich verteilter volumenhafter Objekte durch Drahtkörper-, Oberflächen- oder Volumen-Modellierung. Die Modellierung basiert auf gemessenen Einzelwerten (z.B. Niederschlagswerte, Höhenmeßpunkte, Bevölkerungsdaten),
  - Modellierung von fuzzy objects durch Vielteilchen-Systeme.
- Graphische Modellierung
  Nach der Festlegung der Objektgeometrie werden den Graphikobjekten die graphischen Merkmale entsprechend der substantiellen Merkmale der Geoobjekte zugeordnet. Dazu stehen die Farb-Muster-Variablen (BERTIN 1974) zur Verfügung:
  - Form und Richtung als *nichtfigürliche* Merkmale sowie Farbe und Muster für die Darstellung qualitativer Merkmale,
  - Größe als *nichtfigürliches* Merkmal und Helligkeitswert für die Darstellung quantitativer Merkmale.

Modellierung der Kamera. Die Modellierung der Kamera erfolgt durch die Festlegung des Standpunktes der Kamera und der Aufnahmerichtung. Als Merkmale sind zu definieren die Position der Kamera, ihre Distanz zum Objekt sowie ihr Neigungs- und Richtungswinkel.

Modellierung der Lichtquelle. Die Modellierung der Lichtquelle erfolgt durch die Festlegung der lichtquellenspezifischen Merkmale: Position, Neigung, Art, Farbe und Intensität.

4.3.2.2
Formulierung von Veränderungsvorschriften

Für die Erzeugung einer Animation ist es außerdem erforderlich, Veränderungsvorschriften zu formulieren, die den dynamischen Graphikobjekten zugeordnet werden. Im folgenden werden in Abhängigkeit von Animationstechnik und Veränderungstyp Grundlagen vorgestellt, die für die Formulierung von anwendungsspezifischen Veränderungsvorschriften erforderlich sind. Sie können als elementare Veränderungen in einem kartographischen Animationsprogramm implementiert und über geeignete Benutzeroberflächen dem Anwender für die Erzeugung temporaler kartographischer Animationen zur Verfügung gestellt werden.

Veränderungsvorschriften der temporalen Keyframe-Animation. Die Keyframe-Animation wird in die parametrische und die bildbasierte Keyframe-Animation unterschieden. Beiden Techniken liegt die Interpolation der einzelnen Keyframes zugrunde. Für die Formulierung von Veränderungsvorschriften sind daher Interpolationsverfahren sowie Elemente, die interpoliert werden, zu definieren. Die Elemente ergeben sich zum einen aus der spezifischen Veränderung und zum anderen aus der jeweiligen Technik.

Bei der *parametrischen Keyframe-Animation* werden Parameter, die die Graphikobjekte beschreiben, interpoliert. Für die temporale parametrische Keyframe-Animation sind daher geeignete Parameter zu definieren, die die Veränderungen der temporalen Animation spezifizieren.

Die Veränderungen in einer temporalen Animation sind Veränderungen der Geoobjektmerkmale (Position, Form, Größe, Qualität und Quantität) in einem Zeitintervall, die durch Veränderung der Merkmale der Graphikobjekte (Form, Richtung, Größe, Farbe, Muster und Helligkeitswert) wiedergegeben werden. Die Merkmale der Graphikobjekte können durch Parameter spezifiziert werden. Für die temporale Animation lassen sich folgende Parameter definieren (Tab. 7).

Tabelle 7. Parameter der temporalen Keyframe-Animation

Merkmal	Parameter
Position	< x,y,z >
Form	< x,y - Polygon >
Größe	< Höhe oder Radius oder Fläche oder Volumen >
Richtung	< θ >
Farbe	< R,G,B >
Helligkeitswert	< f >
Textur	< Art >

Bei der *bildbasierten Keyframe-Animation* werden die Liniensegmente der dynamischen Graphikobjekte der Keyframes interpoliert. Bei dieser Technik sind für die dynamischen Graphikobjekte geeignete Liniensegmente zu definieren, zwischen denen interpoliert wird. Das Interpolationsverfahren kann für beide Keyframe-Techniken ein lineares oder nichtlineares Verfahren sein.

Veränderungsvorschriften der temporalen prozeduralen Animation. Bei der prozeduralen Animation wird eine Veränderung durch eine Liste von Transformationen beschrieben; jede Transformation ist durch Parameter definiert, die sie spezifizieren. Eine Veränderungsvorschrift der prozeduralen Animation ist also eine Liste von Transformationsvorschriften.

Für die temporale Animation sind Transformationen zu definieren, die die räumlichen Veränderungen wiedergeben und erzeugen. In Kapitel 4.2.2 wurden die elementaren räumlichen Veränderungen sowie die sie repräsentierenden graphischen Veränderungen vorgestellt. Für sie werden in Tabelle 8 Transformationen und Veränderungsprozeduren formuliert.

Tabelle 8. Transformationsvorschriften der temporalen Animation für die Graphikobjekte[*]

Veränderung	Prozedur	Transformation
Position	change_pos_GRO <dx,dy,dz>	$\begin{pmatrix} x' \\ y' \\ z' \end{pmatrix} := \begin{pmatrix} x + dx \\ y + dy \\ z + dz \end{pmatrix}$
Größe	change_size_GRO <sx,sy,sz>	$\begin{pmatrix} x' \\ y' \\ z' \end{pmatrix} := \begin{pmatrix} sx & 0 & 0 \\ 0 & sy & 0 \\ 0 & 0 & sz \end{pmatrix} * \begin{pmatrix} x \\ y \\ z \end{pmatrix}$
Richtung	change_dir_GRO<θx, θy, θz>	um x-Achse: $\begin{pmatrix} x' \\ y' \\ z' \end{pmatrix} := \begin{pmatrix} 1 & 0 & 0 \\ 0 & \cos\theta & -\sin\theta \\ 0 & \sin\theta & \cos\theta \end{pmatrix} * \begin{pmatrix} x \\ y \\ z \end{pmatrix}$ um y-Achse: $\begin{pmatrix} x' \\ y' \\ z' \end{pmatrix} := \begin{pmatrix} \cos\theta & 0 & -\sin\theta \\ 0 & 1 & 0 \\ \sin\theta & 0 & \cos\theta \end{pmatrix} * \begin{pmatrix} x \\ y \\ z \end{pmatrix}$ um z-Achse: $\begin{pmatrix} x' \\ y' \\ z' \end{pmatrix} := \begin{pmatrix} \cos\theta & -\sin\theta & 0 \\ \sin\theta & \cos\theta & 0 \\ 0 & 0 & 1 \end{pmatrix} * \begin{pmatrix} x \\ y \\ z \end{pmatrix}$
Form	change_shape_GRO <$P_1,P_1',P_2,P_2'...P_n,P_n'$>	$P_i':=P_i$ f.a. $1 \leq i \leq n$
Farbe	change_col_GRO<$(R,G,B)_{input}$>	$col':=(R,G,B)_{input}$
Helligkeitswert	change_den_GRO<f>	$den':=f*(R,G,B)$
Textur	change_tex_GRO<tex_{input}>	$tex':=tex_{input}$

---

[*] Die Transformationsvorschrift für die Rotation, die Veränderung der Richtung eines Graphikobjektes, beschreibt eine Rotation um den Nullpunkt. Soll die Rotation um einen anderen Punkt erfolgen, ist das Rotationszentrum um den entsprechenden Vektor zu verschieben.

4.3.2.3
Erstellung einer temporalen Animation

In den vorangehenden Ausführungen wurden die Grundlagen für die Erzeugung einer temporalen Animation vorgestellt. Im folgenden wird der *Prozeß* der Erstellung einer temporalen Animation aufgezeigt. Dabei wird die generelle Vorgehensweise mit ihren aufeinander folgenden Einzelschritten beschrieben. Die konkrete Anwendung dieser allgemeinen Vorgehensweise wird in Kapitel 7 an verschiedenen Beispielanimationen demonstriert.

4.3.2.3.1 Erstellung einer temporalen Keyframe-Animation

Parametrische Keyframe-Animation. Die Erstellung einer parametrischen Keyframe-Animation beginnt mit der Modellierung der statischen und dynamischen Animationsobjekte der Keyframes. Anschließend sind konkrete Veränderungsvorschriften zu definieren. Dazu sind für die dynamischen Graphikobjekte der Keyframes geeignete Veränderungsparameter festzulegen. Den Parametern der einzelnen Keyframes werden in einem nächsten Schritt die individuellen Parameterwerte zugewiesen. Die Parameterwerte sind aus den Werten der Geoobjektmerkmale zu den verschiedenen Zeitpunkten abzuleiten, was mit Hilfe eines Wertmaßstabes oder durch Zuordnung zu bestimmten Werteklassen geschehen kann. Aus den so ermittelten Parameterwerten der Keyframes werden schließlich mit Hilfe eines definierten Interpolationsverfahrens die Parameterwerte der Zwischenszenen, der Inbetweens, errechnet. Die Anzahl der Inbetweens ist dabei in Abhängigkeit von dem zu repräsentierenden Zeitintervall zu bestimmen. Ist die Interpolation abgeschlossen, werden die Szenen als Graphik erzeugt. Das Ergebnis ist eine Sequenz von Szenen, die eine kontinuierliche Veränderung von Szene zu Szene zeigt.

Die zeitliche Dauer von Veränderungen wird indirekt über die Anzahl der Inbetweens zwischen zwei Keyframes festgelegt.

Die dynamischen Graphikobjekte können als sog. „Cels" definiert werden. Cels sind Animationsobjekte oder Animationsobjektgruppen einer Szene, die definiert werden, um eine Menge von Operationen nur auf diese Animationsobjekte und nicht auf die gesamte Szene zu beziehen. Damit ist es möglich, in der parametrischen Keyframe-Animation jeweils nur die dynamischen Graphikobjekte der einzelnen Szenen neu zu generieren und die statischen Objekte aus der vorherigen Szene zu übernehmen[5].

---

[5] Anmerkung: Der Begriff 'Cel' stammt aus der traditionellen Animation, in der einzelne Objekte oder Objektgruppen auf transparente Celluloidfolien gezeichnet werden. Eine Szene setzt sich aus mehreren übereinander gelegten 'Cels' zusammen. Der Vorteil dieser 'Cel-Animation' ist, daß nur die Objekte, die sich verändern, von Szene zu Szene neu gezeichnet werden müssen, während die anderen Objekte direkt übernommen werden können.

Beispiel für eine temporale parametrische Keyframe-Animation

- *Aufgabe*: Erstellt werden soll eine temporale Animation zum Bevölkerungswachstum ausgewählter Städte im Zeitraum t_0 bis t_{100}. Das Wachstum soll durch sich verändernde Kreissignaturen dargestellt werden.
- *Daten*: Gegeben sind die Einwohnerdaten in Intervallen von 10 Jahren für einen definierten Raumausschnitt.
- *Keyframes:* Als Keyframes wurden die Szenen gewählt, für die Daten vorliegen, d.h. die Szenen für t_0, t_{10}, t_{20}...t_{100}. Die Keyframes bestehen aus dynamischen Graphikobjekten, den Kreisen, die die Städte denotieren, und aus statischen Graphikobjekten, die die Basiskarte aufbauen.
- *Vorgehensweise*:
    1. Modellierung der statischen und dynamischen Graphikobjekte der Keyframes.
    2. Parameterdefinition
       Beschreibung der dynamischen Graphikobjekt durch den Parameter <Kreisfläche>. GRO <A>
    3. Ableitung und Zuweisung der Parameterwerte
       Berechnung der individuellen Flächen eines jeden Kreises der Keyframes mit Hilfe des Wertmaßstabes: n Einw = $1mm^2$ Kreisfläche.
       $$A_{t0} = 1mm^2 : n \text{ Einw} * \text{Einw}_{t0}$$
    4. Festlegung der Anzahl der Inbetweens
       Für jedes Jahr soll ein Wert berechnet werden, also sind zwischen zwei Keyframes je 9 Inbetweens zu definieren.
    5. Interpolation der Parameterwerte
       Interpolation der Kreisflächen der Inbetweens aus den Kreisflächen der Keyframes.
       $$A_{t1} = A_{t0} + [(A_{t10} - A_{t0}) : 9]$$
       $$A_{t2} = A_{t1} + [(A_{t10} - A_{t0}) : 9]$$
       $$\vdots$$
       $$A_{t9} = A_{t8} + [(A_{t10} - A_{t0}) : 9]$$
    6. Erzeugung der Graphik
       Erzeugung der Graphik der einzelnen Keyframes und Inbetweens (Abb. 21).
    7. Ausgabe der Animation

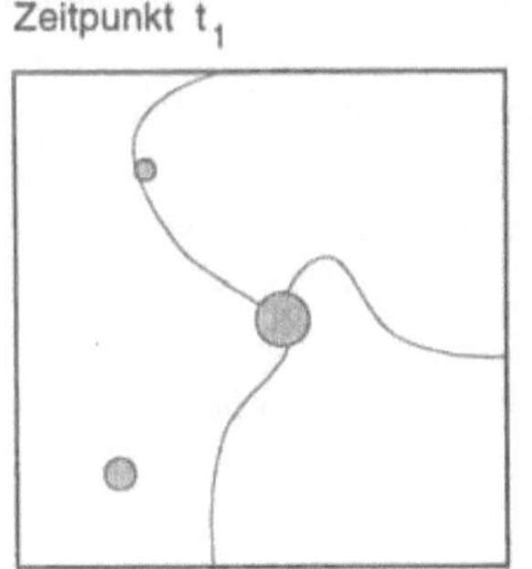

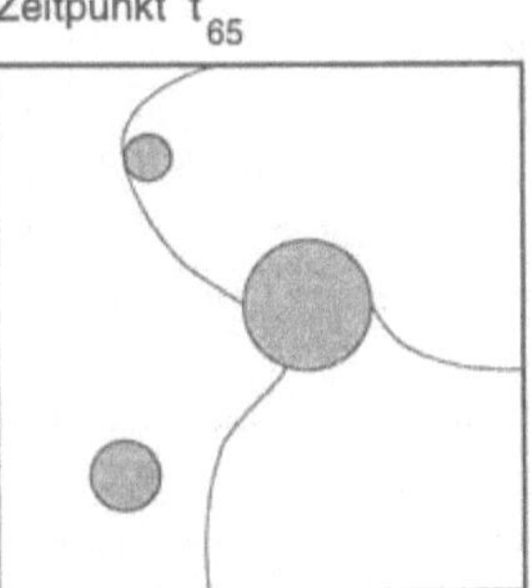

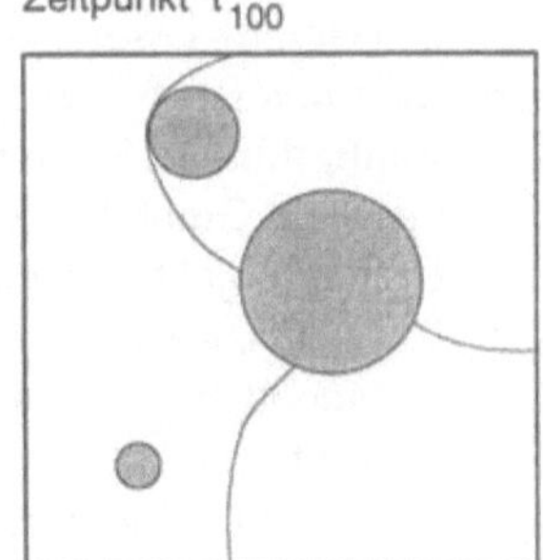

Abb. 21. Graphische Darstellung ausgewählter Keyframes und Inbetweens

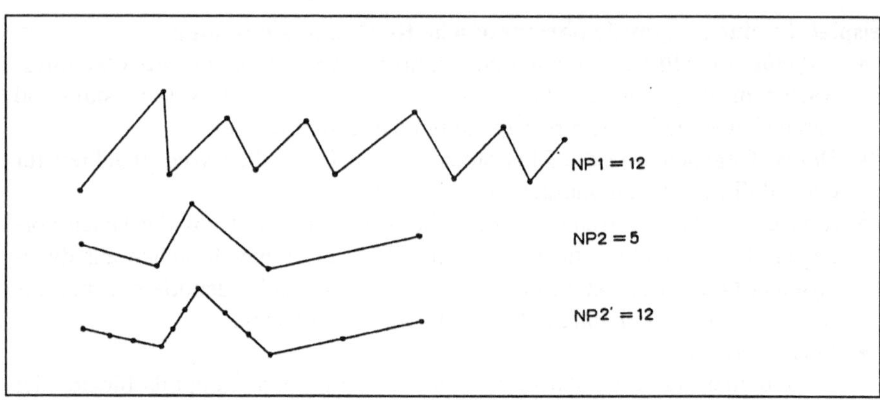

Abb. 22. Angleichung der Anzahl der Liniensegmente der Start- und End-Keyframes (aus: MAGNENAT-THALMANN et al. 1990:44)

Bildbasierte Keyframe-Animation. Bei der Erstellung einer bildbasierten Keyframe-Animation werden die statischen und dynamischen Graphikobjekte der Keyframes modelliert und anschließend sofort in Graphik, in Bilder umgesetzten. Die Inbetweens werden aus diesen Bildern abgeleitet. Dabei werden korrespondierende Liniensegmente der Graphikobjekte der Keyframes interpoliert. Die korrespondierenden Liniensegmente können entweder von einem Animationsprogramm automatisch gewählt oder vom Benutzer definiert werden. Unterscheiden sich die zu interpolierenden Graphikobjekte der beiden Keyframes in der Anzahl der sie aufbauenden Liniensegmente, müssen Hilfssegmente gebildet werden, um die Anzahl anzugleichen. Dazu sind in dem Graphikobjekt mit der geringeren Anzahl von Liniensegmenten die Liniensegmente zu unterteilen (siehe Abb. 22). Komplexe Graphiken können in mehrere Cels gegliedert werden, innerhalb derer die Interpolation durchgeführt wird. Die Anzahl der Inbetweens ist in Abhängigkeit von dem zu repräsentierenden Zeitintervall zu wählen.

Beispiel für eine temporale bildbasierte Keyframe-Animation:
- *Aufgabe*: Erstellt werden soll eine Animation zur Ausdehnung der Stadt A im Zeitintervall 1960 bis 1990.
- *Daten*: Gegeben ist die Ausdehnung des Stadtgebietes zu den Zeitpunkten $t_1=1960$, $t_2=1980$, $t_3=1990$.
- *Keyframes*: Als Keyframes wurden die Szenen, für die Daten vorliegen, gewählt, d.h. die Szenen zu t_1, t_2, t_3. Die Keyframes bestehen aus einem dynamischen Graphikobjekt, das die Stadt A repräsentiert und aus statischen Graphikobjekten, die die Basiskarte aufbauen.
- Vorgehensweise:
    1. Modellierung der statischen und dynamischen Graphikobjekte der Keyframes
    2. Erzeugung der Graphik der Keyframes (Abb. 23).

Erzeugung von drei graphischen Darstellungen des Stadtgebietes zu t_1, t_2, t_3.

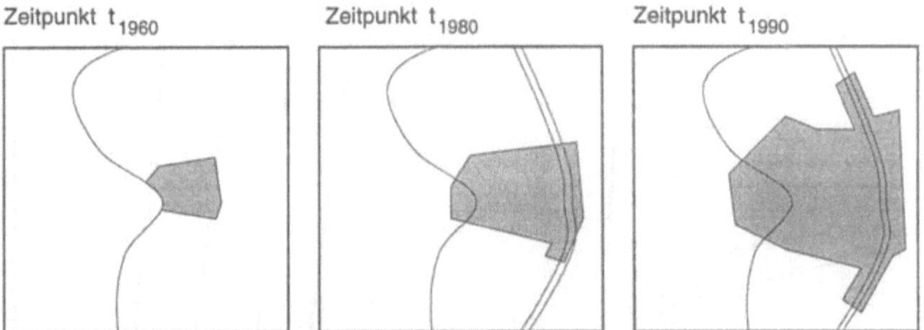

Abb. 23. Erzeugung der Keyframes der bildbasierten Keyframe-Animation

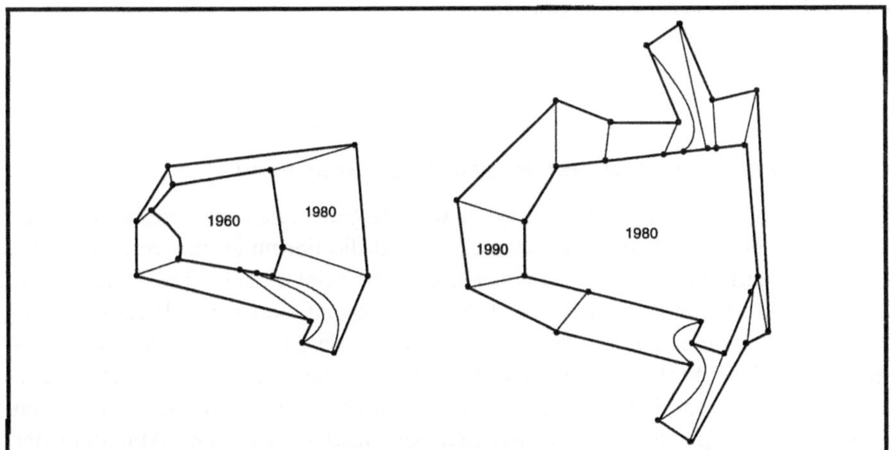

Abb. 24. Definition der korrespondierenden Liniensegmente zweier Keyframes

3. Definition der korrespondierenden Liniensegmente (Abb. 24).
   Auswahl der korrespondierenden Segmente der Polygonlinie zweier aufeinanderfolgender Keyframes zwischen denen interpoliert werden soll.
4. Festlegung der Anzahl der Inbetweens
   Für jedes Jahr soll ein Inbetween erstellt werden; dementsprechend sind
   zwischen den Keyframes zu t_1 (1960) und t_2 (1980) 19 Inbetweens, zwischen t_2 (1980) und t_3 (1990) 9 Inbetweens oder ein Vielfaches davon
   festzulegen. (Eine fließende Veränderung erfordert mindestens 24 Bilder
   pro Sekunde).
5. Interpolation der Liniensegmente (Abb. 25)
   Interpolation der Polygonliniensegmente der Keyframes für die einzelnen
   Inbetweens.
6. Ausgabe der Animation

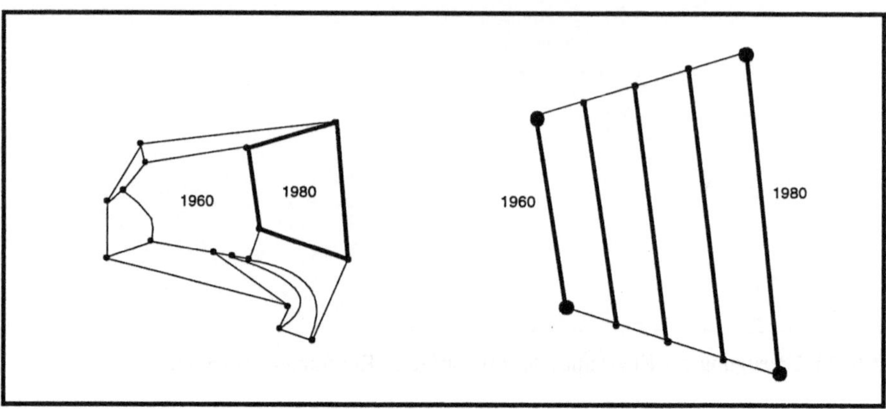

Abb. 25. Interpolation der Liniensegmente

4.3.2.3.2
Erstellung einer temporalen prozeduralen Animation

Die Erstellung einer prozeduralen Animation beginnt mit der Modellierung der Animationsobjekte der Ausgangsszene. Ihr folgt die Formulierung von Transformationsvorschriften für die dynamischen Graphikobjekte. Die Transformationen sind im nächsten Schritt über Parameterwerte zu spezifizieren. Die Parameterwerte leiten sich aus den Werten der Geoobjektmerkmale zu den verschiedenen Zeitpunkten ab. Die Werte der Geoobjektmerkmale können gemessene Daten sein, oder sie können im Falle einer Simulation nach bestimmten mathematischen Funktionen oder physikalischen Gesetzen berechnet werden. Die Ableitung der Parameterwerte erfolgt über einen Signaturenmaßstab oder über Zuordnung zu bestimmten Werteklassen.

Schließlich müssen für die Transformationen zeitliche Parameter bestimmt werden, die Beginn und Ende bzw. Beginn und Dauer der Transformation festlegen. Außerdem ist die Anzahl der Schritte, in der die Transformation durchgeführt werden soll, anzugeben (z.B. *ein* Schritt für diskrete räumliche Veränderungen, eine Menge von Schritten für kontinuierliche räumliche Veränderungen). Die zeitlichen Parameter leiten sich aus den zeitlichen Merkmalen der Geoobjekte ab.

Beispiel für eine temporale prozedurale Animation:
- *Aufgabe:* Erstellt werden soll eine Animation zur Veränderung der Position eines ausgewählten Geoobjektes.
- *Daten*: Gegeben sind die Positionen des Geoobjektes zu fünf verschiedenen Zeitpunkten t_1- t_5.
- *Aufbau der Szenen*: Die Szenen bauen sich aus den statischen Graphikobjekten der Basiskarte und den dynamischen Graphikobjekten auf.

Zeitpunkt t$_1$

Zeitpunkt t$_2$

Zeitpunkt t$_3$

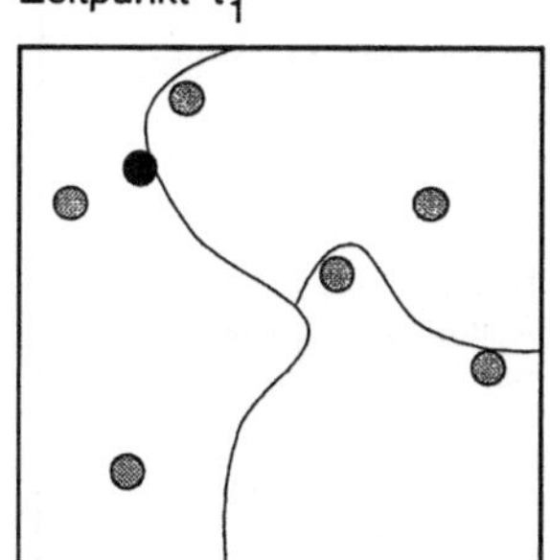 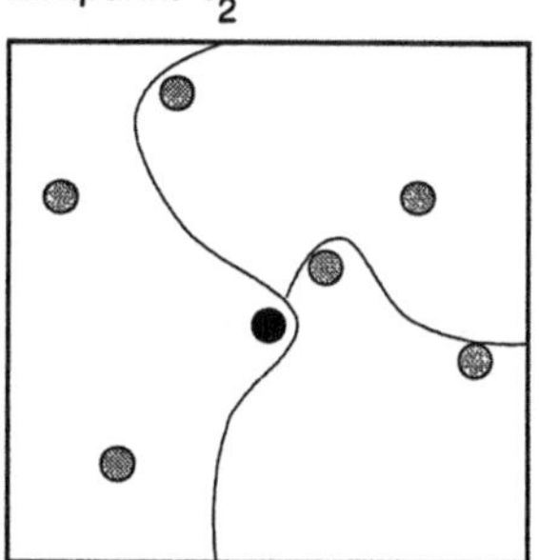 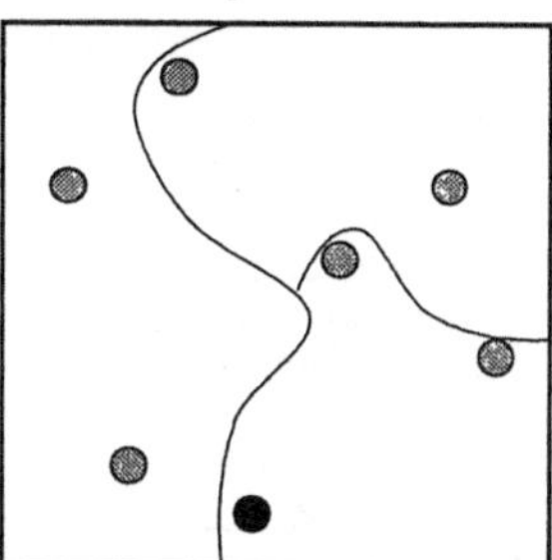

Abb. 26. Graphische Darstellung einiger ausgewählter Szenen

- Vorgehensweise:
  1. Modellierung der statischen und dynamischen Graphikobjekte der Ausgangsszene.
  2. Definition der Transformationsvorschriften.
     Veränderung der Position des Graphikobjektes
     change_ pos_GRO < dx,dy,dz>

$$\begin{pmatrix} x' \\ y' \\ z' \end{pmatrix} := \begin{pmatrix} x + dx \\ y + dy \\ z + dz \end{pmatrix}$$

  3. Ableitung und Zuordnung der Parameterwerte.
     <dx,dy,dz> 1
     <dx,dy,dz> 2
     <dx,dy,dz> 3
     <dx,dy,dz> 4
  4. Festlegung der zeitlichen Parameter.
     Zeit <Start, Ende, Anzahl der Transformationsschritte>
     change_pos_GRO (<dx,dy,dz>1,<t$_1$,t$_2$,1>)
     :
     change_pos_GRO (<dx,dy,dz>4,<t$_4$,t$_5$,1>)
  5. Berechnung und Erzeugung der Graphik (Abb. 26).
  6. Ausgabe der Animation

4.3.2.3.3
Zusammenfassung

Die drei verschiedenen Erstellungsprozesse der parametrischen und bildbasierten Keyframe-Animation sowie der prozeduralen Animation werden in Abbildung 27 zusammengefaßt und zum Vergleich gegenübergestellt.

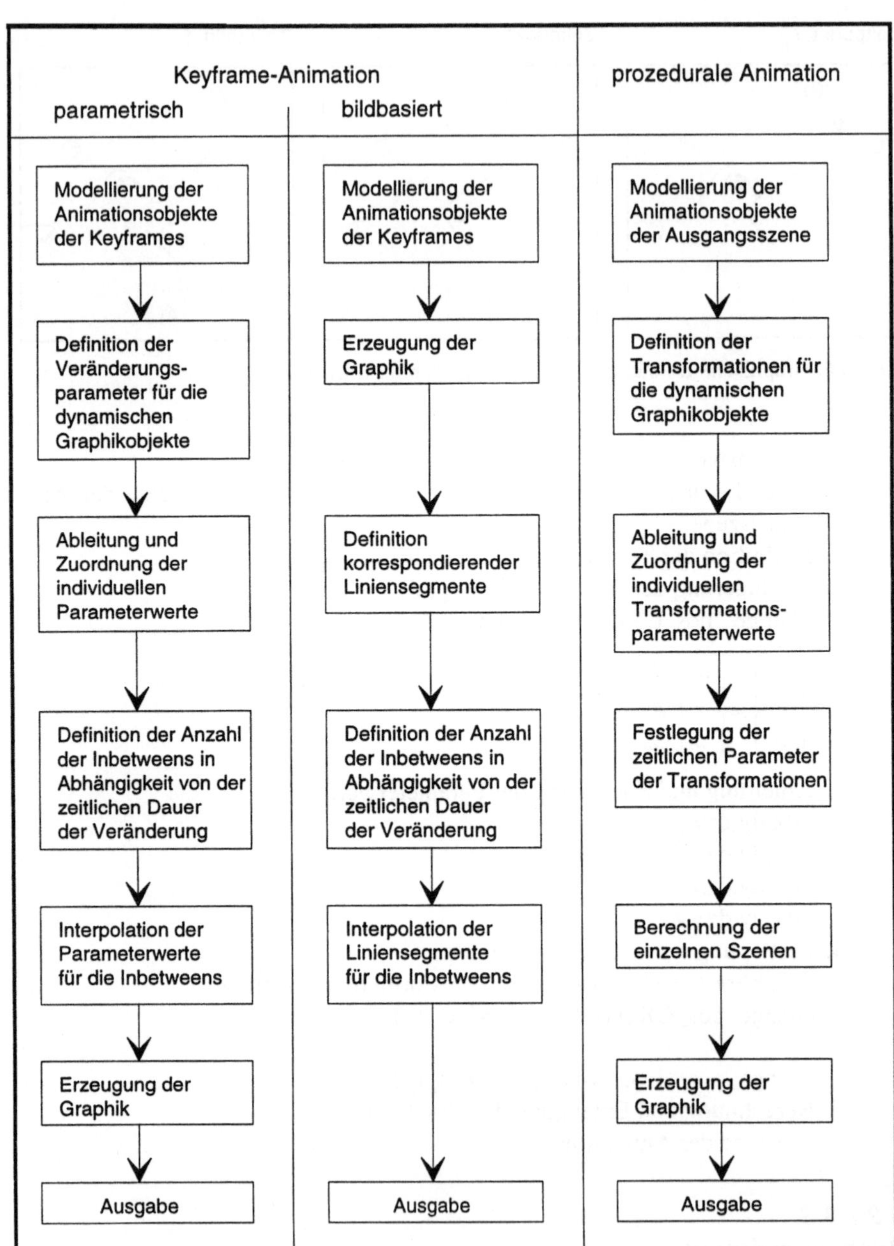

Abb. 27. Erstellungsprozeß einer temporalen Animation mittels verschiedener Techniken

4.3.3
Wahl der Animationstechnik

Die Wahl der Animationstechnik ist von verschiedenen Kriterien abhängig. Es sind der räumliche Veränderungstyp, der zeitliche Veränderungstyp und die Datenlage bei der Wahl zu berücksichtigen.

- Die *Keyframe-Animation* erzeugt eine kontinuierliche Folge von Inbetweens zwischen zwei Keyframes; sie ist daher für kontinuierlich verlaufende räumliche Veränderungen, nicht aber für diskrete Veränderungen anwendbar. Keyframe-Animation erfordert außerdem Daten zu mindesten zwei verschiedenen Zeitpunkten, aus denen die für die Interpolation erforderlichen Keyframes erstellt werden können.

  Dies gilt für die parametrische wie auch für die bildbasierte Keyframe-Animation. Beide Techniken unterscheiden sich jedoch in ihrer Anwendungsmöglichkeit für die Animation räumlicher Veränderungstypen.

  Die *parametrische Keyframe-Animation* kann für alle Veränderungen eingesetzt werden, die sich über Parameter beschreiben lassen. Sie eignet sich für Veränderungen der geometrischen und der graphischen Merkmale der Graphikobjekte und damit für die Veränderung der geometrischen und substantiellen Merkmale von Geoobjekten.

  Die *bildbasierte Keyframe-Animation* beruht auf der Interpolation von geometrischen Elementen, den Liniensegmenten von Objekten. Sie eignet sich daher für Veränderungen der geometrischen Merkmale von Graphikobjekten bzw. Geoobjekten.

- Die *prozedurale Animation* ist für alle Veränderungen anwendbar, da über die Transformationsvorschriften jede Veränderung erzeugt werden kann. Voraussetzung ist, daß eine geeignete Vorschrift formuliert werden kann. Die prozedurale Animation ist immer für diskrete Veränderungen anzuwenden. Außerdem ist sie einzusetzen, wenn nur Daten eines Ausgangszustandes vorliegen und alle weiteren Daten in einer Simulation aus mathematischen Modellen errechnet werden.

5 Grundlagen der nontemporalen kartographischen Animation

5.1
Gegenstand der nontemporalen Animation

Die nontemporale Animation wurde definiert als eine Sequenz von kartographischen Darstellungen, die die Daten eines Raumausschnittes zu *einem* Zeitpunkt in unterschiedlicher Weise wiedergeben. In der nontemporalen Animation werden die Präsentationszeit und die darin ablaufenden Veränderungen also nicht für die Darstellung von Zeit und räumlichen Veränderungen eingesetzt; sie dienen vielmehr dazu, räumliche und inhaltliche Strukturen und Zusammenhänge sichtbar zu machen. Gegenstand der nontemporalen Animation sind somit Veränderungen der kartographischen Darstellungen, durch die die Strukturen und Zusammenhänge im Georaum umfassend erkennbar werden.

In Kapitel 2.1.2 wurden Beschränkungen traditioneller kartographischer Darstellungen aufgezeigt, die das Erkennen der Gesamtstruktur georäumlicher Phänomene und Daten erschweren. Es wurde in diesem Zusammenhang der isolierende und der selektive Charakter der traditionellen kartographischen Darstellungen genannt.

Der isolierende Charakter, nur eine begrenzte Auswahl von Geoobjekten und Geoobjektmerkmalen wiedergeben zu können, führt dazu, daß in monothematischen kartographischen Darstellungen entweder Systemzusammenhänge aufgelöst werden, oder daß komplexe kartographische Darstellungen (Mehrschichtenkarte, Synthesekarte, Oleatenkarte) erzeugt werden, die die Wahrnehmung und die Interpretation erschweren können.

Der selektive Charakter, Daten immer nur in *einer* von mehreren möglichen kartographischen Formen darstellen zu können, führt dazu, daß die traditionellen kartographische Darstellung nur *einen Aspekt* der Daten und ihrer Merkmale zeigt, jedoch keinen Gesamteinblick in die Datenstruktur gibt.

Ein besseres Erkennen von Strukturen kann folglich zum einen erreicht werden durch die Unterstützung der Wahrnehmung und Interpretation und zum anderen durch die unterschiedliche Darbietung der Daten. In der nontemporalen Animation sind daher die einzelnen kartographischen Darstellungen so zu variieren, daß der Nutzer bei der Informationsaufnahme unterstützt wird, und daß er verschiedene Einblicke in die Daten erhält.

Die nontemporale Animation bietet dazu folgende Möglichkeiten:

1. das Verändern des dargestellten Inhalts,
2. das Verändern der Aufbereitung der Daten und
3. das Verändern der graphischen Darstellung der Daten.

5.1.1
Veränderung des Inhalts

Die Veränderung des Inhalts entspricht einer Veränderung des dargestellten Themas oder des Raumausschnitts.

Das Thema kann verändert werden durch:

- das sukzessive Anzeigen von Geoobjekten einer Klasse oder von mehreren Klassen sowie
- das variable Kombinieren verschiedener Geoobjektklassen.

Der Raumausschnitt kann verändert werden durch:

- eine Verschiebung des Raumausschnittes oder
- eine Maßstabsänderung.

Das sukzessive Anzeigen von Geoobjekten und Geoobjektmerkmalen

Das sukzessive Anzeigen von Geoobjekten und Geoobjektmerkmalen ermöglicht es, den Nutzer durch die kartographische Darstellung zu „führen" und dadurch die Informationsaufnahme zu unterstützen.

A) Das sukzessive Anzeigen von Geoobjekten kann die *Wahrnehmung des Nutzers lenken*. Die Wahrnehmung von Information ist unter anderem abhängig von der Augenbewegung des Nutzers. Die Augenbewegung wird zum einen gelenkt durch Reize, die auf das Auge wirken, und zum anderen durch Motivationsfaktoren des Nutzers (DOBSON 1976, 1977). Demzufolge wird die Information aufgenommen, die einen hohen visuellen Reiz aufweist, oder die mit der Motivation, z.B. der Frage oder der Kenntnis des Nutzers, verbunden ist. Dies kann dazu führen, daß einer kartographischen Darstellung, die die Verteilung eines Geoobjektmerkmals zeigt, wie z.B. die weltweite Verteilung der Edelmetallvorkommen, nur einige Objekte, nämlich sehr große Vorkommen (Stimulus/ Reiz) sowie die Vorkommen in bekannten Räumen (Motivation) entnommen werden.

Ein sukzessives Anzeigen der Geoobjekte ermöglicht es, die Objekte in einer festgelegten Reihenfolge zu präsentieren, so daß die erste Szene der Animation nur ein Objekt oder eine Gruppe von Objekten, die letzte Szene schließlich alle Objekte enthält. Durch das sukzessive Anzeigen von Objekten wird immer wieder ein neuer Stimulus erzeugt, der einerseits einen Reiz auf das Auge ausübt und somit die Augenbewegung beeinflußt, und der andererseits durch die Veränderung die Aufmerksamkeit des Betrachters auf sich zieht. Das sukzessive Anzeigen von Objekten lenkt also die Wahrnehmung des Nutzers und unterstützt dadurch den Betrachter bei der Informationsaufnahme. TAYLOR (1987) führte einen Versuch zu sukzessiv aufgebauten Choroplethenkarten durch. Das Ergebnis zeigte, daß das sukzessive Anzeigen von Klassen die Aufnahme von Information aus der Karte erhöht.

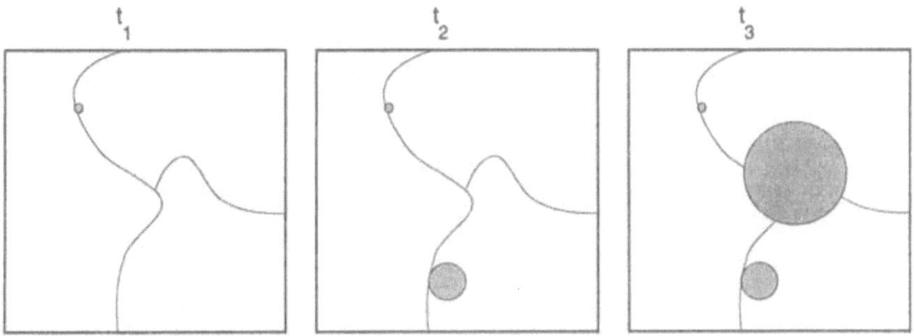

Abb. 28. Sukzessives Anzeigen der Geoobjekte einer Klasse

Die Reihenfolge des Anzeigens kann durch die räumliche Verteilung der Objekte festgelegt sein, z.B. werden die Edelmetallvorkommen sukzessive nach ihrer Länderzugehörigkeit gezeigt. Die Reihenfolge kann aber auch durch die statistische Verteilung der Objekte bestimmt sein, z.B. werden die Edelmetallvorkommen sukzessive nach ihrer Zugehörigkeit zu einer quantitativen Klasse dargestellt. Die Darstellungsfolge kann entweder von der niedrigsten zur höchsten (Abb. 28) oder von den extremen zu den mittleren Werteklassen aufgebaut sein.

B) Das sukzessive Anzeigen von Geoobjekten kann außerdem eingesetzt werden, um *komplexe kartographische Darstellungen in einzelne Informationsebenen zu zerlegen*. Die Wiedergabe komplexer Raumstrukturen erfordert es, in der kartographischen Darstellung eine Vielzahl von Geoobjekten und Geoobjektmerkmalen durch kartographische Zeichen zu verorten. Dadurch entstehen komplexe kartographische Darstellungen, die oft unübersichtlich sind und zu Problemen bei der Wahrnehmung wie auch bei der Interpretation führen: „... increasing the amount of information appears to decrease the ability to process [visual information]" (DOBSON 1979:18). Zur Auflösung komplexer kartographischer Darstellungen ist es möglich, die Menge der Geoobjekte und Geoobjektmerkmale in einzelne Informationsschichten (z.B. Objektklassen) zu zerlegen und diese in einer kartographischen Darstellung sukzessive zu einem Ganzen zusammenzufügen (Abb. 29). Der Nutzer kann dadurch die einzelnen Informationsschichten Schritt für Schritt wahrnehmen und gedanklich verknüpfen (TAYLOR 1987). Auf diese Weise können z.B. Planungskarten, die eine Fülle von sich überlagernden Informationen wie Flächennutzung, Schwerpunkträume, Vorranggebiete usw. zeigen, in einzelnen Informationsschichten gegliedert werden, die sukzessive dargestellt und zur Gesamtkarte aufgebaut werden. Die Komplexität kartographischer Darstellungen wird somit aufgelöst, ohne daß dadurch die räumliche Gesamtstruktur verlorengeht.

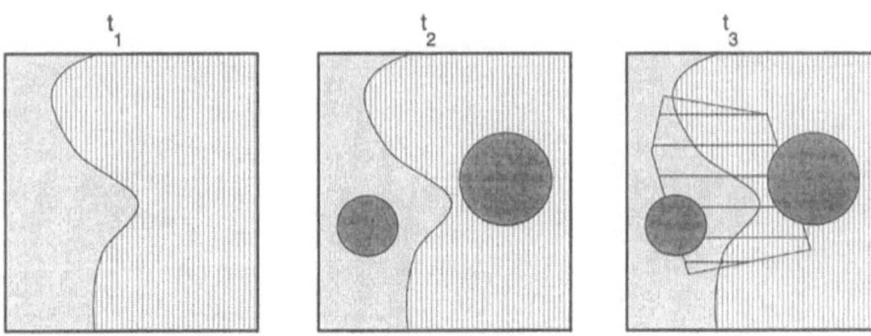

Abb. 29. Sukzessives Anzeigen verschiedener Geoobjektklassen

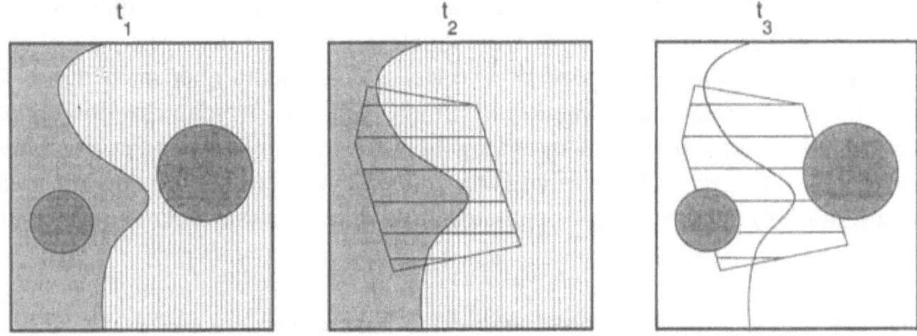

Abb. 30. Variables Kombinieren verschiedener Geoobjektklassen

Das variable Kombinieren verschiedener Geoobjektklassen

Das variable Kombinieren verschiedener Geoobjektklassen kann ähnlich wie das sukzessive Anzeigen einzelner Geoobjekte eingesetzt werden, um komplexe kartographische Darstellungen einfacher aufnehmen und verstehen zu können. Die verschiedenen Geoobjektklassen eines Raumausschnitts können in einer Animation beliebig oder nach festgelegten Regeln ausgetauscht und kombiniert werden (Abb. 30). Die Anzahl der kombinierten Klassen ist variabel. Die Kombination ist mittels graphischer oder statistischer Methoden durchzuführen. Die einzelnen Klassen können entweder als graphische Schichten übereinandergelegt oder in bivariaten bzw. multivariaten Karten graphisch mit Hilfe einer sog. Kreuztabelle verknüpft werden. Für die statistische Verknüpfung stehen verschiedenen Korrelationsverfahren zur Verfügung.

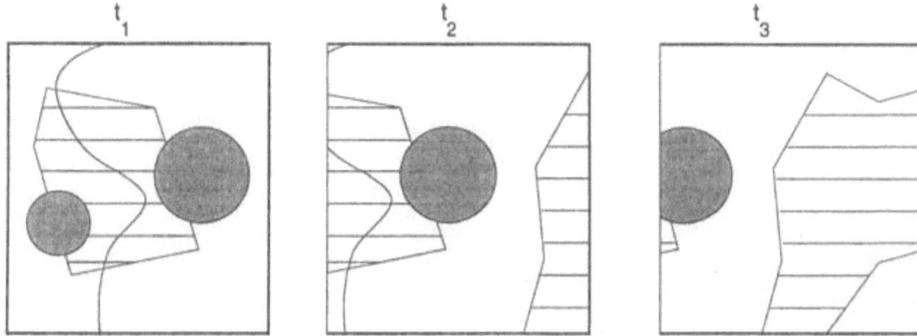

Abb. 31. Veränderung des Raumausschnittes

Veränderung des Raumausschnitts

Eine sukzessive Veränderung des Raumausschnitts durch ein „Verschieben" in verschiedene Richtungen kann die räumliche Isolierung des Raumausschnitts aufheben. Durch die Definition des Raumausschnitts wird festgelegt, welche Teile des Raumes und damit welche Geoobjekte dem Betrachter gezeigt werden. Die Kontinuität des Raumes wird dadurch aufgelöst; dabei kann der räumliche Zusammenhang, die Beziehung von Geoobjekten, verloren gehen. Eine Veränderung des Raumausschnitts entlang der x- und y-Achse ermöglicht, räumliche Zusammenhänge zu erhalten (Abb. 31).

Veränderung des Kartenmaßstabs

Der Kartenmaßstab bestimmt die Größe des dargestellten Raumausschnittes (bei gleichbleibendem Format des Informationsträgers) und damit auch die Menge der präsentierten Geoobjekte sowie den Generalisierungsgrad dieser Objekte. In einem großen Kartenmaßstab kann nur ein kleiner Raumausschnitt mit wenigen aber sehr detaillierten Geoobjekten, in einem kleinen Maßstab dagegen kann ein großer Raumausschnitt mit mehreren jedoch stärker generalisierten Geoobjekten gezeigt werden. Ein einzelner Maßstab muß sich also entweder in der Größe des dargestellten Raumausschnittes oder in der Inhaltsdichte beschränken. Mit Hilfe eines sich sukzessive verändernden Kartenmaßstabes ist es möglich, in einem räumlichen „Zooming" den Betrachter von einer großräumigen, generalisierten zu einer kleinräumigen, detaillierten Betrachtung zu führen. Damit kann sowohl ein Überblick wie auch Detailinformation über den Raum gegeben werden (Abb. 32). Das „Zooming" kann allerdings nicht wie bei einem Kamerazooming *kontinuierlich* durch die verschiedenen Maßstabsbereiche erfolgen. Aufgrund der erforderlichen Generalisierung in den Maßstabsbereichen, sind Sprünge zwischen den einzelnen Maßstabsbereichen unvermeidbar.

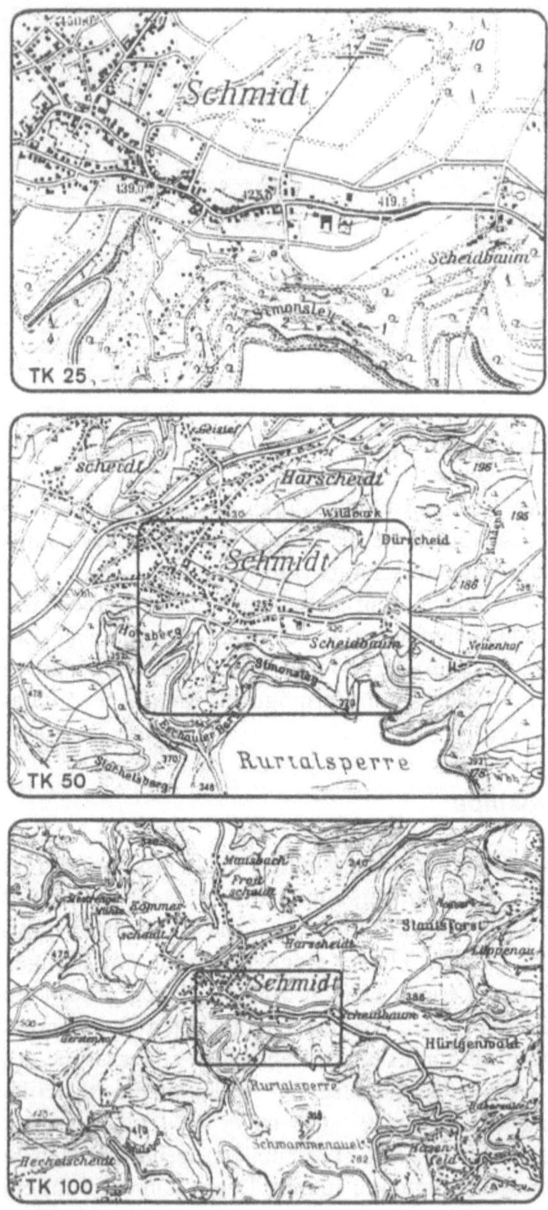

Abb. 32. Veränderung des Kartenmaßstabes (Ausschnitte aus der TK 25 5304; TK 50 L5304; TK 100 C5504, aus: Informationsblatt des LVA Nordrhein-Westfalen 1982)

5.1.2
Veränderung der Datenaufbereitung

In einer kartographischen Darstellung werden in der Regel nicht Originärdaten sondern aufbereitete Daten dargestellt. Die Art der Datenaufbereitung beeinflußt entscheidend den Eindruck, den der Betrachter von den Daten und ihrer räumlichen Verteilung, ihrer räumlichen Struktur, erhält. Das Verfahren und der Grad der Aufbereitung bestimmen das räumliche Muster, das in der kartographischen Darstellung gezeigt wird. Da unterschiedliche Aufbereitungsverfahren und Aufbereitungsgrade unterschiedliche räumliche Muster ergeben, kann nur durch eine Reihe von kartographischen Darstellungen mit verschiedener Datenaufbereitung ein umfassender Einblick in die räumliche Verteilung der Daten gegeben werden. In einer nontemporalen Animation kann durch sukzessives Verändern des Verfahrens und des Grades der Datenaufbereitung, diese Reihe verschiedener kartographischer Darstellungen erstellt werden.

Veränderung des Klassifizierungsverfahrens

Für die Aufbereitung der Daten stehen verschiedene Klassifizierungsverfahren zur Verfügung. Die Klassifizierung kann sowohl für qualitative Daten als auch für quantitative Daten durchgeführt werden. Für die Klassenbildung stehen verschiedene statistische Verfahren zur Verfügung (BAHRENBERG, GIESE 1975; SPIEGEL 1991), die in einer nontemporalen Animation sukzessive variiert werden können (Abb. 33).

Veränderung des Aufbereitungsgrades der Daten

Der Grad der Datenaufbereitung entspricht dem inhaltlichen Generalisierungsgrad der Daten. Er wird über die Anzahl der gebildeten Klassen bestimmt. Durch die Veränderung des Aufbereitungsgrades in der temporalen Animation kann ein inhaltliches „Zooming" vorgenommen werden, bei dem die substantiellen Daten in einem geringer werdenden Generalisierungsgrad dargestellt werden; z.B. kann die sukzessive Folge von zwei Klassen bis hin zu unklassifizierten Daten reichen (Abb. 34). Umgekehrt kann auch ein inhaltliches Generalisieren stattfinden, bei dem die Daten sukzessive zu immer größeren Klassen zusammengefaßt werden.

5.1.3
Veränderung der graphischen Darstellung

Die graphische Darstellung der Daten beeinflußt (ebenso wie die Datenaufbereitung) den Eindruck, den der Betrachter von den räumlichen Daten gewinnt. Eine kartographische Darstellung ist durch eine Menge von Faktoren bestimmt: die graphische Ausprägung der einzelnen Graphikobjekte, das Darstellungsmodell und die Perspektive. Entsprechend der Wahl der einzelnen Faktoren ergeben sich verschiedene kartographische Darstellungen mit verschiedenen graphischen

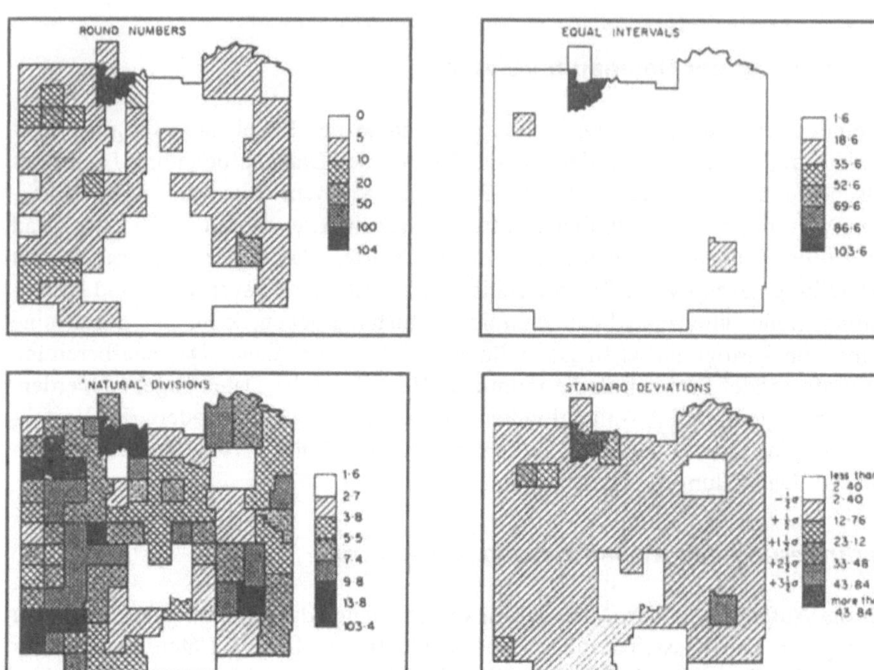

Abb. 33. Veränderung des Klassifizierungsverfahrens (aus: DICKINSON 1973:84-85)

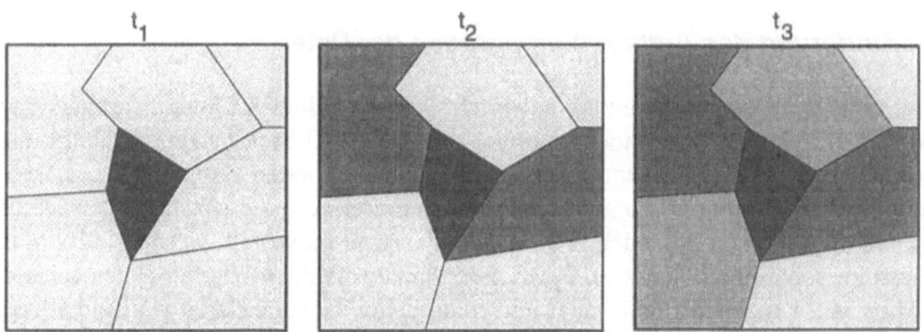

Abb. 34. Veränderung der Klassenanzahl

Strukturen und Mustern, die verschiedene Einblicke in die Raumstruktur geben. TOBLER (1979:105) bezeichnet dies als „the Pandora's box of Cartography as a communication system". Einen vollständigen Einblick in die gesamte Raumstruktur gewinnt man daher nur durch eine Menge verschiedener kartographischer Darstellungen. In einer nontemporalen Animation können sukzessive die einzel-

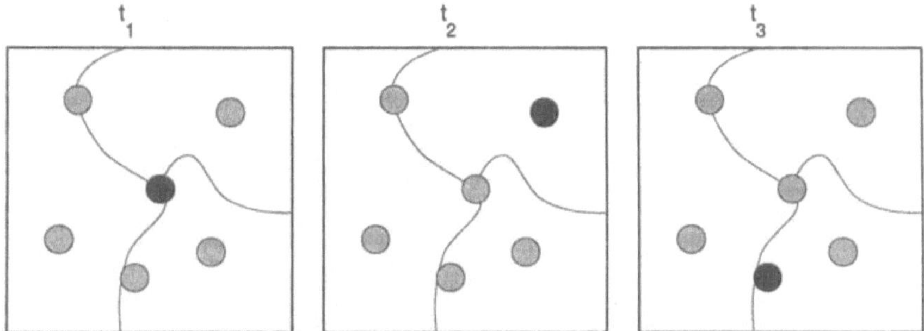

Abb. 35. Veränderung der graphischen Ausprägung einzelner Graphikobjekte

nen Faktoren, die eine kartographische Darstellung festlegen, verändert werden,
um unterschiedliche Darstellungen zu erhalten. Die Veränderungen können sich
beziehen auf:

- die graphische Ausprägung der einzelnen Graphikobjekte
- das Darstellungsmodell und
- die Perspektive.

Für die Darstellung dreidimensionaler Geoobjekte ergibt sich darüber hinaus die
Möglichkeit, die Beleuchtung und damit den Schatten zu verändern.

Veränderung der Ausprägung einzelner Graphikobjekte

Die graphische Ausprägung eines Graphikobjektes in einer kartographischen
Darstellung gibt die Merkmale eines Geoobjektes wieder, und sie bestimmt die
syntaktische Beziehung der Graphikobjekte. Die Veränderung der graphischen
Ausprägung eines ausgewählten Graphikobjektes wird in der nontemporalen
Animation nicht für die Repräsentation einer Veränderung des Geoobjektmerkmals eingesetzt. Die Veränderung wird als syntaktisches Mittel angewandt, um
das Graphikobjekt zu betonen und die Aufmerksamkeit des Betrachters darauf zu
lenken (Abb. 35), z.B. kann eine mehrmalige schnelle Veränderung des Hellig-
keitswertes eine Art Blinken hervorrufen. Dieses Mittel der nontemporalen Animation kann Schwellenwerte oder Extremwerte deutlich machen und damit auf
diese besonderen Daten hinweisen. Es kann auch Objekte hervorheben, die in
einer textlichen oder akustischen Erklärung angesprochen werden.

Veränderung des Darstellungsmodells

Qualitative und quantitative Daten können mit Hilfe verschiedener kartographischer Modelle dargestellt werden. Jedes Darstellungsmodell hat eine eigene graphische Struktur, die die Daten in einer ganz bestimmten Weise zeigt. Zum Beispiel können quantitative Daten als unregelmäßig verteilte Punkte in einer Punkt-
streuungskarte, als Diagramme unterschiedlicher Größe in einer Diagrammkarte,

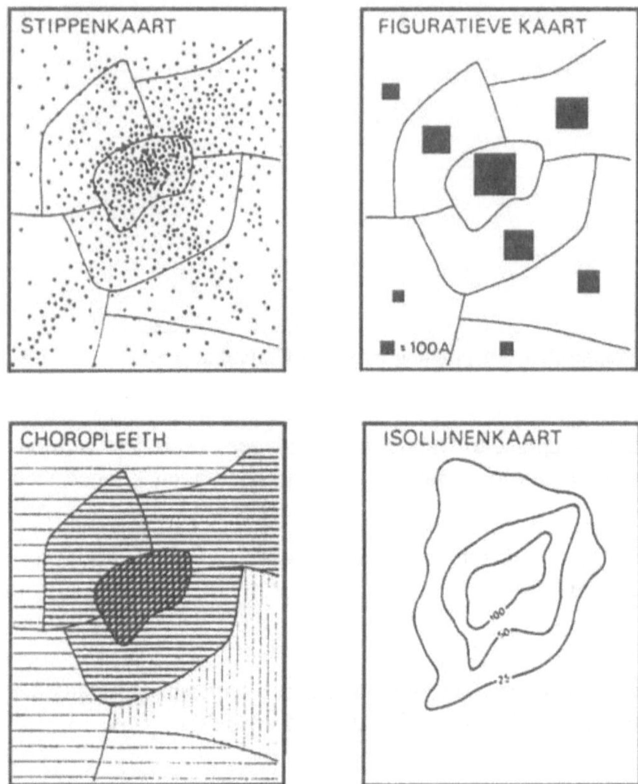

Abb. 36. Veränderung des Darstellungsmodells (aus: ORMELING, KRAAK 1987:94)

als Flächen mit unterschiedlichem Helligkeitswert in einer Choroplethenkarte oder als Linien, die Punkte gleichen Wertes verbinden, in einer Isolinienkarte dargestellt werden (Abb. 36). Jede dieser Darstellungen gibt die Daten anders wieder und zeigt dadurch unterschiedliche Aspekte der Daten und ihrer Struktur. Die Veränderung des Darstellungsmodells ermöglicht es daher, verschiedene Aspekte der Daten zu zeigen. Die einzelnen Darstellungsmodelle einer nontemporalen Animationssequenz können entweder aus den zugrunde liegenden Daten oder aus einem bereits erstellten Darstellungsmodell abgeleitet werden. Die Ableitung eines Darstellungsmodells aus einem anderen ist nur möglich, wenn das Skalierungsniveau des abzuleitenden Darstellungsmodells nicht höher ist als das des Ausgangsmodells (BOLLMANN 1985, ORMELING, KRAAK 1987). Die Reihenfolge der Darstellungsmodelle in der Animation muß sich daran orientieren.

Veränderung der Perspektive

Geoobjekte können nicht nur in verschiedenen Darstellungsmodellen gezeigt, sie können dem Benutzer auch aus verschiedenen Perspektiven dargeboten werden. Es ist möglich, die Geoobjekte aus unterschiedlichen Richtungen (N,W,S,O) und

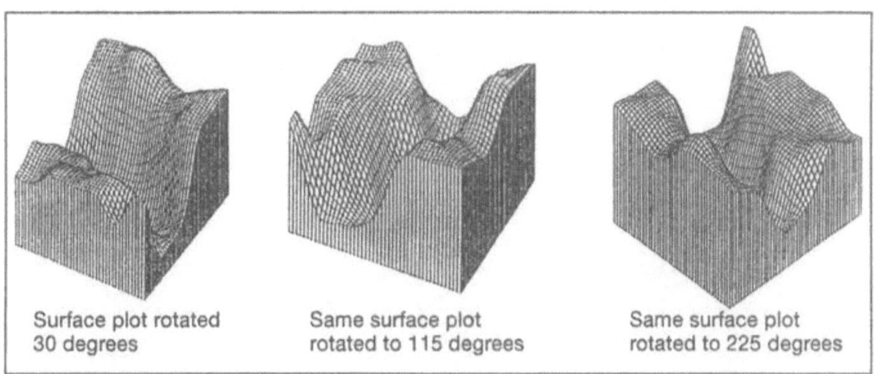

Abb. 37. Veränderung der Betrachtungsrichtung der Kamera (aus: SURFER-Handbuch S. 5-10, 5-11)

mit unterschiedlichen Betrachtungswinkeln (= Neigungswinkeln) darzustellen. Jeder Neigungswinkel und jede Betrachtungsrichtung zeigen eine bestimmte Ansicht der Geoobjekte; z.B. ergibt sich aus einem Neigungswinkel von 0° ein Profil, bei 45° ein Blockbild, bei 90° ein Grundrißbild, oder es werden je nach Betrachtungsrichtung andere Objekte bzw. Objektteile sichtbar. Jede der Ansichten gibt *bestimmte* räumliche Merkmale und Strukturen wieder. Die *gesamte* Raumstruktur kann jedoch nur mit Hilfe einer Folge verschiedener Darstellungen sichtbar werden, die sich sukzessive bezüglich ihrer Betrachtungsrichtung und ihres Neigungswinkels ändern. Bei digitalen Geländemodellen, die rotiert und gekippt werden können, findet diese Form der Animation bereits Anwendung (Abb. 37 u. 38).

Veränderung der Beleuchtung

Eine Veränderung der Beleuchtung dreidimensionaler Graphikobjekte kann angewandt werden, um den Schatten zu verändern und dadurch die Struktur einer unregelmäßigen Oberfläche besser erkennen zu können, oder um den sich verändernden Sonnenstand zu simulieren. Die Veränderung der Beleuchtung wird häufig mit der Veränderung der Perspektive kombiniert.

5.2
Komponenten der nontemporalen Animation

5.2.1
Animationsobjekte, Szenen und Sequenzen

Die *Animationsobjekte* werden – wie in der temporalen Animation – für die Darstellung von georäumlichen Objekten und Strukturen eingesetzt. Die Graphikob-

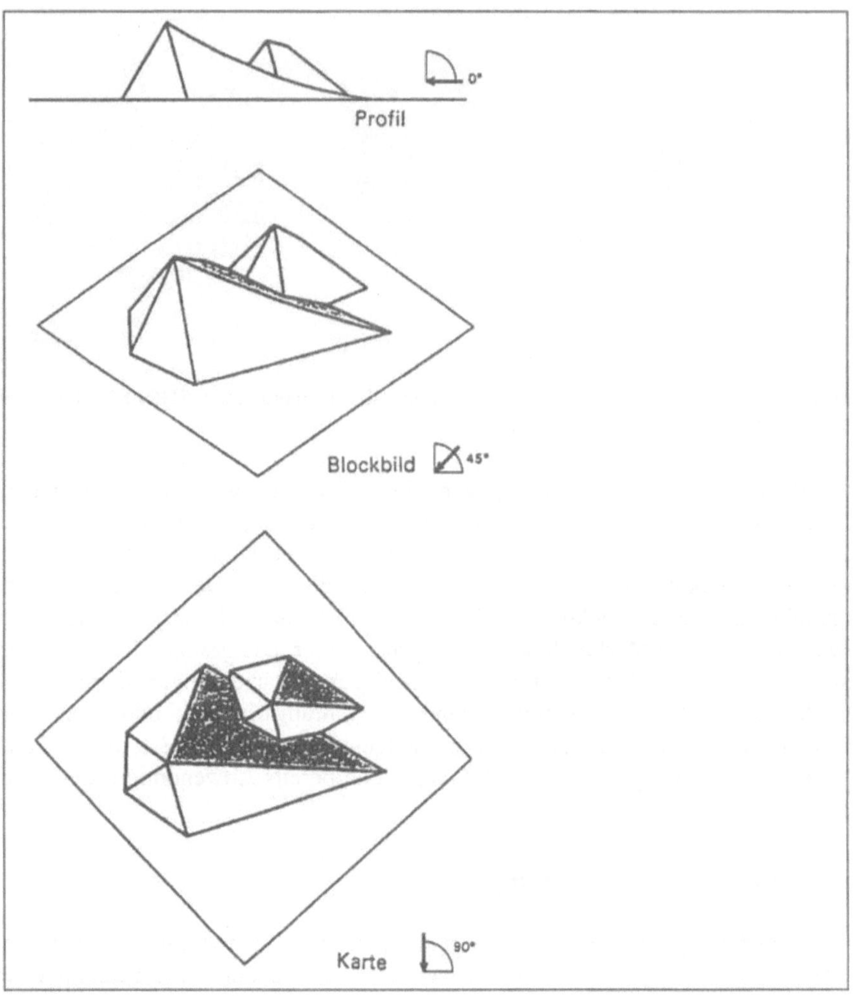

Abb. 38. Veränderung des Neigungswinkels der Kamera (aus: Freitag 1987:219)

jekte repräsentieren die Geoobjekte, die Kamera legt Betrachtungsstandpunkt, -distanz und -winkel fest, die Lichtquelle verleiht dreidimensionalen Graphikobjekten Plastizität.

Eine *Szene*, die strukturierte Anordnung der Animationsobjekte, zeigt in der nontemporalen Animation den Raumzustand *eines* bestimmten Zeitpunktes in *verschiedener* Weise. Die Szenen sind daher festgelegt durch die Ausprägung der Geoobjekte dieses Raumzustandes und durch die Art der Aufbereitung und Darstellung dieser Daten.

Die Szenen sind durch Erläuterungen zu ergänzen. Ein Titel sollte das Thema der Animation nennen, und die Legende muß mit Hilfe des Zeichenschlüssels und der Legendenzusätze die kartographischen Darstellungen, die Szenen, erklären. Die Legende ist entsprechend der Veränderungen der nontemporalen Animation zu variieren. So ist bei einem sukzessiven Aufbau einer kartographischen Darstellung der Zeichenschlüssel durch die neu hinzukommenden Graphikobjekte zu ergänzen. Werden in der kartographischen Darstellung Graphikobjekte durch andere ersetzt, z.B. bei einer variablen Kombination von Geoobjekten, sind diese Graphikobjekte auch im Zeichenschlüssel auszutauschen. Bei einer Veränderung des Darstellungsmodells ist der gesamte Zeichenschlüssel neu zu erstellen.

In der Legende sind außerdem die verschiedenen Verfahren der Datenaufbereitung anzugeben, wenn sie in der Animation verändert werden. Findet in der Animation ein inhaltliches Generalisieren durch Verändern der Klassenanzahl statt, sind auch die Klassen der Legende entsprechend zu variieren.

Ebenso ist die Veränderung des Betrachtungsstandpunktes, der Betrachtungsdistanz und der Betrachtungswinkel (Richtungs- und Neigungswinkel) deutlich zu machen. Die Veränderung des Betrachtungsstandpunktes kann mit Hilfe einer einblendbaren Übersichtsdarstellung des gesamten Raumes sichtbar gemacht werden. Veränderungen des Standpunktes sind in dieser Darstellung durch einen sich bewegenden Punkt darstellbar. Die Veränderung der Betrachtungsdistanz ist durch die Veränderung des Maßstabs anzugeben. Veränderungen des Neigungswinkels können durch ein Referenzkoordinatengitter gekennzeichnet werden, das entsprechend des Winkelwertes die Neigung ändert. Veränderungen des Richtungswinkels lassen sich durch eine variierende Betrachtungsachse darstellen.

Die *Sequenz* einer nontemporalen Animation ist eine Folge von Szenen, die aufgrund eines definierten Veränderungstyps in Beziehung stehen, z.B. werden alle die Szenen zu einer Sequenz zusammengefaßt, die durch eine Veränderung der Kameradistanz oder durch ein sukzessives Hinzufügen von neuen Objekten variiert werden. Struktur und Rhythmus der Sequenz leiten sich nicht aus den räumlichen Daten ab, da der nontemporalen Animation nur *ein* Raumzustand zu *einem* bestimmten Zeitpunkt zugrunde liegt. Struktur und Rhythmus werden frei definiert.

5.2.2
Veränderungen

In Kapitel 5.1 wurden die verschiedenen Veränderungen der nontemporalen Animation aufgezeigt. Sie sind als elementare Veränderungstypen der nontemporalen Animation zu definieren und den Animationsobjekttypen Graphikobjekt, Kamera, Lichtquelle zuzuordnen.

Veränderungen der Graphikobjekte

Veränderungen der Graphikobjekte sind alle Änderungen der geometrischen und graphischen Merkmale eines Graphikobjektes. In der nontemporalen Animation können die Veränderungen *direkte* Veränderungen sein, die unmittelbar am Graphikobjekt vorgenommen werden und unabhängig von einer Veränderung im Geoobjektbereich sind, oder sie können *indirekte* Veränderungen sein, die aus Veränderungen im Bereich der Geoobjekte resultieren.

Es sind daher zwei Gruppen von graphischen Veränderungen zu unterscheiden:

a) die Veränderungen, die sich auf die Graphikobjekte beziehen (direkte Veränderungen); sie sind:

- Veränderungen der Merkmale einzelner Graphikobjekte sowie
- Veränderungen aller Graphikobjekte durch Veränderung des Darstellungsmodells (Diese Veränderung ist nicht völlig unabhängig von den Daten, da für verschiedene Darstellungsmodelle verschiedene Berechnungen der Daten erforderlich sind.)

b) die Veränderungen, die sich auf die Geoobjekte beziehen (indirekte Veränderungen); sie können bezogen sein auf

- die Menge der Geoobjekte durch
  - ein Hinzufügen von neuen Objekten mittels einer Addition oder einer Verknüpfung sowie
  - ein Austauschen von Objekten.

oder sie können bezogen sein auf:

- die Aufbereitung der Geodaten, der Merkmalswerte der Geoobjekte, durch
  - eine Veränderung des Aufbereitungsverfahrens sowie
  - eine Veränderung des Aufbereitungsgrades, z.B. der Anzahl der Objektklassen.

Veränderungen der Kamera

Die Kamera legt fest, wie die Graphikobjekte betrachtet werden. Veränderungen der Kamera sind daher alle Veränderungen, die sich auf die Betrachtungsperspektive sowie auf den betrachteten Raumausschnitt beziehen. Im einzelnen lassen sich für die Kamera folgende Veränderungstypen festlegen:

- Die Veränderung der Kameraposition: sie führt dazu, daß sich der dargebotene Raumausschnitt entlang der Verschiebungsachse verändert.
- Die Veränderung der Kameradistanz zu den Graphikobjekten: sie bewirkt eine Veränderung des Maßstabes einer kartographischen Darstellung: je größer die Distanz, um so kleiner wird der Maßstab.
- Die Veränderung des Neigungswinkels der Kamera sowie
- Die Veränderung des Richtungswinkels der Kamera
  variieren die Betrachtungsachse und damit die Perspektive, aus der die Graphikobjekte betrachtet werden.

---

[a] Diese Veränderungstypen entsprechen dem sukzessiven Anzeigen und dem variablen Kombinieren von Geoobjekten und Geoobjektklassen (Kap. 5.1).

Veränderungen der Lichtquelle

Die Lichtquelle wird bei dreidimensionalen Graphikobjekten eingesetzt, um diesen Plastizität zu verleihen. Für die Lichtquelle wurden verschiedene Merkmale definiert, die in der Animation verändert werden können. In der nontemporalen Animation ist eine Veränderung der Position wie auch des Einfallswinkels der Lichtquelle möglich, um verschiedene Schattenwürfe zu erzeugen oder den Sonnenstand zu simulieren.

Abbildung 39 zeigt im Überblick die elementaren Veränderungstypen der nontemporalen Animation. Sie können kombiniert und zu komplexen Veränderungen zusammengesetzt werden.

Die Veränderungen der nontemporalen Animation sind schließlich noch nach ihrem *zeitlichen Verlauf* zu charakterisieren. Es lassen sich unterscheiden:

- kontinuierliche Veränderungen und
- diskrete Veränderungen.

5.2.3
Ton

Die Möglichkeiten des Tons für die kartographische Informationsübertragung wurden bereits in Kapitel 4.2.3 im Kontext der temporalen Animation aufgezeigt. Im folgenden wird untersucht, wie der Ton für die nontemporale Animation einzusetzen ist.

Ton hat drei Erscheinungsformen (Musik, Geräusch, gesprochenes Wort), die in unterschiedlicher Weise die Funktionen des Tons (Illustration, Interpretation und Kommentierung, Erhöhung der Lern- und Gedächtnisleistung, Erregung der Aufmerksamkeit) erfüllen.

Für die nontemporale Animation lassen sich daraus folgende Anwendungen des Tons ableiten:

Musik kann die Veränderung einer nontemporalen Animation in Form einer Paraphrasierung illustrieren. Sie kann damit die Wahrnehmung schärfen und die Information verstärken (Informationsredundanz). Die akustischen Elemente für die Gestaltung eines Soundtracks können dafür folgendermaßen angewandt werden:

- - Tonhöhe - Melodie
  Töne verschiedener Höhe können in der nontemporalen Animation unterschiedliche Objekte oder Objektklassen wiedergeben. Es ist möglich, jeder darzustellenden Objektklasse einen Ton bestimmter Höhe zuzuordnen. In einer Animation mit sukzessivem Anzeigen der Objektklassen werden die Töne sukzessive zu einem Akkord zusammengefügt; in einer Animation mit variabler Kombination der Objektklassen werden die einzelnen Töne zusammen mit den Objektklassen ausgetauscht, dabei entsteht jeweils ein neuer Akkord. Die einzelnen Töne können zusätzlich nach ihrer Lautstärke gewichtet werden und somit eine Gewichtung der Objektklassen oder Daten vornehmen.

Animationsobjekt	Veränderung
Graphikobjekt	**auf Graphikobjekt bezogen** Veränderung eines Graphikobjekts Veränderung des Darstellungsmodelles **auf Geoobjekt bezogen** Veränderung der Geoobjektmenge Hinzufügen Austauschen Veränderung der Datenaufbereitung Veränderung des Verfahrens Veränderung des Aufbereitungs-grades
Kamera	Veränderung der Position (Raumausschnitt) Veränderung der Distanz (Maßstab) Veränderung des Neigungs-winkels (Perspektive) Veränderung des Richtungs-winkels (Perspektive)
Lichtquelle	Veränderung der Position Veränderung des Einfallswinkels

Abb. 39. Veränderungstypen der nontemporalen Animation

Tonhöhe kann außerdem in Form einer nach Höhen geordneten Tonfolge eine Veränderung der Generalisierung der Daten (Veränderung des Maßstabs bzw. der Anzahl der Klassen) wiedergeben. Eine Veränderung der Klassenanzahl ist auch über eine Veränderung der Anzahl der Töne in einem Akkord darstellbar.

- Timbre
  Verschiedene Timbres eines Tons können wie verschiedene Tonhöhen unterschiedliche Geoobjekte oder Geoobjektklassen wiedergeben. Das Timbre ist daher genauso wie die Tonhöhe für eine Animation mit sukzessivem Anzeigen oder variablem Kombinieren von Geoobjekten bzw. Geoobjektklassen einzusetzen (s.o.).

- Lautstärke
  Töne lassen sich bezüglich ihrer Lautstärke ordnen. Eine Tonfolge mit zu- bzw. abnehmender Lautstärke kann eine Veränderung des Generalisierungsgrades wiedergeben. Die Lautstärke eines Tons kann jedoch auch die repräsentierten Daten gewichten.

- Dauer des Tons - Rhythmus - Geschwindigkeit
  Dauer des Tons, Rhythmus und Geschwindigkeit sind bedeutende Ausdrucksmittel in der temporalen Animation, da sie die Dynamik der Veränderung deutlich machen. In der nontemporalen Animation sind sie von geringer Bedeutung, da nicht die Dynamik der Veränderung im Vordergrund steht. Die Dauer eines Tons gibt in der nontemporalen Animation lediglich die Dauer eines Objektes auf dem Bildschirm an.

- Lage des Tons im Raum
  Dreidimensionale Musik erzeugt einen akustischen Raum, in dem der Hörer einen bestimmten Ort einnimmt. Dieser „Hörort" kann durch eine Veränderung der Position im akustischen Raum variiert werden. Das akustische Mittel „Lage des Tons im Raum" läßt sich anwenden, um die Veränderung der Kamera, und damit die Position des Betrachters, in einer Animation zu begleiten.

Ein Geräusch oder ein einzelner Ton kann als Signal eingesetzt werden, um die Aufmerksamkeit des Hörers zu wecken. Signaltöne oder -geräusche können Extremwerte eines Datensatzes oder Abweichungen von Schwellenwerten betonen.

Das gesprochene Wort kann wie in der temporalen Animation den Inhalt der Animation beschreiben, erläutern oder dokumentieren und damit die Legende einer kartographischen Darstellung ergänzen oder auch ersetzen.

5.3
Animationsprozeß

Die Erstellung einer nontemporalen Animation erfolgt nach den gleichen Grundprinzipien, wie sie bereits für die Erstellung einer temporalen Animation (Kap.4.3) vorgestellt wurden. Aufgrund des unterschiedlichen Gegenstands der temporalen und nontemporalen Animation gibt es jedoch voneinander abweichende typspezifische Kriterien und Vorgehensweisen, die bei der Erstellung zu berücksichtigen sind. Daher wird nicht mehr der gesamte Erstellungsprozeß detailliert beschrieben, sondern es werden vor allem die typspezifischen Unterschiede aufgezeigt.

5.3.1
Konzeption

Bei der Konzeption einer Animation sind bestimmte Kriterien anzuwenden, anhand derer Inhalt, Struktur, graphische und akustische Gestaltung sowie Rhythmus und Geschwindigkeit festgelegt werden, um eine auf ihre Funktion ausgerichtete Animation zu erhalten. Es ist zu untersuchen, welche Kriterien für die nontemporale Animation anzuwenden und wie sie für die verschiedenen Animationsfunktionen einzusetzen sind.

5.3.1.1
Kriterien für die Konzeption einer nontemporalen Animation

Funktionskriterien. Für die nontemporale Animation lassen sich die gleichen Funktionen definieren wie für die temporale Animation, nämlich die

- Explorationsfunktion,
- Verifikationsfunktion und
- Demonstrationsfunktion.

Nutzungskriterien. Auch die nutzungsspezifischen Kriterien unterscheiden sich nicht von denen der temporalen Animation. Sie sind:

- *Nutzertypen*
  - der Nutzer, der Wissen über das Thema hat und neue Erkenntnisse darüber erlangen will oder der sein Wissen überprüfen will;
  - der Nutzer, der über das Thema informiert werden soll.
- *Nutzungssituationen*
  - die Animation wird von einer Person erstellt und zugleich genutzt,
  - die Animation wird von einer Person erstellt und von einer anderen Person genutzt.

Inhaltskriterien. Der Inhalt wird durch das Thema und die Funktion der Animation bestimmt. Dies gilt für die temporale wie auch für die nontemporale Animation. Allerdings gibt es einen wesentlichen Unterschied, der bei der Festlegung des Inhalts der Animation zu berücksichtigen ist. In der temporalen Animation gibt das Thema, also die raumzeitliche Veränderung, die Veränderungen von Szene zu Szene vor, und die Funktion bestimmt, wie das Thema für den Nutzer aufbereitet wird (z.B. welche Form der Datendarbietung). In der nontemporalen Animation liefert das Thema nur die Datengrundlage für die Szenen, die Funktion dagegen bestimmt, welche Veränderungen in der Animation angewandt werden, z.B. das sukzessive Anzeigen der einzelnen Geoobjektklassen einer Mehrschichtenkarte für die Demonstration oder das Verändern der Datenaufbereitung für die Exploration.

Der Inhalt einer nontemporalen Animation wird daher festgelegt durch:

- das Thema;
- die Veränderungen entsprechend der Funktion der Animation;
- Ergänzungen in Form von erläuternden Texten und/oder Graphiken.

Strukturkriterien. Die Struktur der Animation legt die Reihenfolge der einzelnen Szenen, Veränderungen und Sequenzen fest. In der nontemporalen Animation wird die Struktur nicht wie in der temporalen Animation durch die Daten bestimmt; die Struktur wird ausschließlich durch die Funktion der Animation festgelegt. Dabei sind die Gesamtstruktur der Animation und die Struktur einer einzelnen Sequenz zu unterscheiden.

Die Gesamtstruktur der Animation ist nach den in Kapitel 4.3.1.1 definierten dramaturgischen Kriterien festzulegen. Die Struktur einer Sequenz, also die Reihenfolge der einzelnen Szenen und Veränderungen, ist von dem jeweiligen Veränderungstyp abhängig; z.B. ist die Struktur einer Animationssequenz, in der die Geoobjekte sukzessive nach ihrer Länderzugehörigkeit angezeigt werden, durch die räumliche Verteilung der Geoobjekte bestimmt. Die Strukturierungskriterien einer Sequenz sind daher aus den verschiedenen Veränderungstypen abzuleiten.

Für die einzelnen Veränderungstypen ergeben sich folgende Möglichkeiten, die Sequenz zu strukturieren:

- Sukzessives Anzeigen von Geoobjekten
  Die Reihenfolge der Szenen wird festgelegt durch
  - die räumliche Verteilung der Geoobjekte, z.B. das Anzeigen der Geoobjekte nach Länderzugehörigkeit
  - die statistische Verteilung der Geoobjekte, ihre Zugehörigkeit zu quantitativen Klassen,
  - die inhaltliche Beziehung der Geoobjekte.
- Variables Kombinieren von Geoobjektklassen
  Die Reihenfolge der Szenen wird festgelegt durch
  - inhaltliche Kriterien, z.B. welche Objektklassen eignen sich für eine Korrelation
  - mathematische Kriterien, wie Permutationsregeln, die alle möglichen Kombinationen erzeugen.
- Verändern des Aufbereitungsverfahrens der Daten
  Die Reihenfolge der Szenen wird festgelegt
  - nach funktionalen Kriterien
  - nach statistischen Kriterien wie z.B. der Häufigkeitsverteilung der Daten (gleich verteilt, schief verteilt). Dabei ist zuerst das für die jeweilige Häufigkeitsverteilung am besten geeignete Verfahren zu wählen, dem die anderen folgen.

- Verändern des Aufbereitungsgrads der Daten
  Die Reihenfolge der Szenen wird festgelegt durch den Grad der Datenaufbereitung, nämlich die Anzahl der Klassen. Die Reihenfolge kann von einer niedrigen zu einer hohen Klassenanzahl reichen oder umgekehrt.
- Verändern einzelner Graphikobjekte
  Die Reihenfolge der Szenen wird festgelegt durch die Reihenfolge, in der die Objekte betont werden sollen.
- Verändern des Darstellungsmodells
  Die Reihenfolge der Szenen wird festgelegt durch Ableitungsregeln, die definieren, wie kartographische Darstellungsmodelle in andere zu überführen sind, z.B. soll das Skalenniveau des abzuleitenden Darstellungsmodells nicht höher sein als das der Ausgangsdarstellung.
- Verändern der Kameraeinstellung
  Die Reihenfolge der Szenen wird festgelegt durch die kontinuierliche Änderung eines Parameters der Kamera wie der Position, der Distanz, des Neigungsoder Richtungswinkels.
- Verändern der Beleuchtung, der Lichtquelle
  Die Reihenfolge der Szenen wird festgelegt durch die kontinuierliche Änderung eines Parameters der Lichtquelle wie der Position oder des Winkels.

Die *Definition der Schlüsselszenen*, der letzte Schritt bei der Festlegung der Struktur, ist wie in der temporalen Animation durchzuführen. Die Schlüsselszenen werden auf der Grundlage des Handlungsgerüstes und des zeitlichen Verlaufs der Veränderungen – kontinuierlich oder diskret – definiert.

Gestaltungskriterien. Die *visuelle Gestaltung* der nontemporalen Animation ist analog zur Gestaltung der temporalen Animation nach zeichentheoretischen Kriterien durchzuführen (vgl. Kap. 4.3.1).

Die *akustische Gestaltung* ist so vorzunehmen, daß die Veränderungen des Inhalts, der Datenaufbereitung wie auch der graphischen Darstellung akustisch wahrnehmbar werden. Wie in der temporalen Animation kann Musik die nontemporalen Veränderungen in Form einer Paraphrasierung illustrieren, Geräusche oder Einzeltöne können auf bestimmte Datenwerte oder Veränderungen aufmerksam machen, das gesprochene Wort kann den Inhalt der Animation beschreiben, erklären und erläutern.

Rhythmus- und Geschwindigkeitskriterien. Der Rhythmus der nontemporalen Animation leitet sich nicht wie in der temporalen Animation aus den Daten (dem zeitlichen Datum der Raumzustände) ab, sondern er muß individuell festgelegt werden. Der Rhythmus der nontemporalen Animation soll sich daher an den Bedürfnissen und Fähigkeiten des Nutzers orientieren. Er kann regelmäßig sein (die Szenen und Veränderungen werden in gleichen zeitlichen Abständen präsentiert), wenn die Animation aus ähnlich komplexen Veränderungen aufgebaut ist, oder er kann unregelmäßig sein (die Szenen und Veränderungen werden dabei in unterschiedlichen zeitlichen Abständen präsentiert), wenn die Animation aus unterschiedlich komplexen Veränderungen aufgebaut ist.

Die Geschwindigkeit kann wie in der temporalen Animation frei bestimmt werden, sie ist jedoch von der Funktion der Animation abhängig.

Aus den genannten Kriterien können allgemeine Richtlinien für die Konzeption nontemporaler Animationen mit verschiedenen Funktionen entwickelt werden.

5.3.1.2
Richtlinien für die Konzeption einer nontemporalen Animation zur Exploration

In einer nontemporalen Animation zur Exploration wird der Datensatz eines Raumzustandes analysiert, um Einblick in die Daten und ihre Struktur zu gewinnen und dabei Muster und gegebenenfalls Anomalien in den Daten zu erkennen. Genutzt wird diese Animation von einem motivierten Spezialisten mit Vorkenntnissen, der neue Erkenntnisse erlangen will. Erzeugung und Nutzung der Animation erfolgen durch dieselbe Person.

Für das Konzept ergeben sich daraus folgende Richtlinien.

Inhalt. Gegenstand der Explorationsanimation ist der Datensatz eines gegebenen Zustandes des Georaumes, der untersucht werden soll. In der Explorationsanimation ist der Datensatz so zu verändern, daß die Daten in verschiedener Weise dargestellt werden, und der Nutzer dadurch einen detaillierten Einblick in die Daten erhält. Aus den möglichen Veränderungen, die in einer nontemporalen Animation angewandt werden können, sind für die Exploration folgende auszuwählen:

- Veränderung der Geoobjektmenge durch ein variables Kombinieren von Geoobjektklassen, um verschiedene Korrelationen durchzuführen,
- Veränderung des Datenaufbereitungsverfahrens, um unterschiedliche räumliche Muster zu erhalten,
- Veränderung des Datenaufbereitungsgrades, um verschiedene inhaltliche Generalisierungen zu erhalten,
- Veränderung des kartographischen Darstellungsmodells, um verschiedene Aspekte der Daten zu zeigen,
- Veränderung einzelner Graphikobjekte, um auf besondere Datenwerte aufmerksam zu machen,
- Veränderung von Position, Distanz, Neigungs- und Richtungswinkels der Kamera, um verschiedene Raumausschnitte, Maßstäbe und Perspektiven zu sehen,
- Veränderung von Position und Winkel der Lichtquelle, um die Struktur unregelmäßiger Oberflächen besser erkennen zu können.

Struktur. Die Explorationsanimation ist aus einer oder aus mehreren Sequenzen, die die Daten variabel zeigen, aufgebaut. Die Reihenfolge der einzelnen Sequenzen ist vom Benutzer frei zu definieren. Die *Struktur einer einzelnen Sequenz* ist entsprechend des gewählten Veränderungstyps nach den für die verschiedenen Veränderungstypen aufgestellten Strukturierungskriterien (Kap. 5.3.1.1) festzulegen.

Die *Struktur der gesamten Animation* ist folgendermaßen zu gestalten:

- Erregen der Aufmerksamkeit und Einführung in das Thema entfallen.
- Der Hauptteil, in dem das Thema mit seinen Veränderungen gezeigt wird, ist nach der Intention des Nutzers zu strukturieren. Dabei können die in Kap. 4.3.1 angeführten Kriterien angewandt werden: vom Bekannten zum Unbekannten, vom Einfachen zum Komplexen und vom Überblick zum Detail.
- Der Schluß ist optional; er kann in einer zusammenfassenden Darstellung verschiedene kartographische Darstellungen zum Vergleich zeigen.

Gestaltung. Die *visuelle Gestaltung* der Schlüsselszenen erfolgt analog zur temporalen Animation nach zeichentheoretischen Kriterien.

Die *akustische Gestaltung* der Explorationsanimation soll den Nutzer bei der Suche nach Datenmustern unterstützen. Der Soundtrack muß sich daher aus den der Animation zugrundeliegenden Daten ableiten. Dazu sind den Daten akustische Merkmale zuzuweisen, aus denen sich eine Tonstruktur aufbaut, die der Datenstruktur entspricht. Die damit erreichte Informationsredundanz kann das Erkennen von Datenmustern fördern.

Rhythmus und Geschwindigkeit. Rhythmus und Geschwindigkeit sind vom Benutzer frei zu definieren. Die Geschwindigkeit ist zu variieren, um mit Hilfe des Phi-Phänomens versteckte Datenmuster zu erkennen.

5.3.1.3
Richtlinien für die Konzeption einer nontemporalen Animation zur Verifikation

Die Konzeption einer Animation zur Verifikation unterscheidet sich nur geringfügig von der einer Animation zur Exploration. In beiden Animationen werden Datensätze untersucht. In der Exploration wird nach noch *nicht bekannten* Strukturen gesucht, in der Verifikation wird nach *bestimmten* Strukturen gesucht. Beide Formen der Animation müssen einen detaillierten Einblick in die Daten geben; sie bedienen sich dazu der gleichen Mittel. Aus diesem Grund sind Inhalt, Struktur, graphische und akustische Gestaltung sowie Rhythmus und Geschwindigkeit wie in der Explorationsanimation festzulegen.

5.3.1.4
Richtlinien für die Konzeption einer nontemporalen Animation zur Demonstration

Die Nutzer einer Demonstrationsanimation verfügen in der Regel über keine oder nur geringe Kenntnisse des Themas. Die Demonstrationsanimation soll daher den Nutzer bei der Wahrnehmung und Interpretation der kartographischen Darstellung unterstützen. Dies geschieht durch die Lenkung des Auges, wie auch durch die Auflösung komplexer räumlicher Strukturen und die anschauliche Präsentation eines Themas. Die Erstellung und Nutzung der Animation erfolgt durch verschiedene Personen.

Inhalt. Gegenstand der Demonstrationsanimation ist ein bestimmter Zustand des Georaumes, über den informiert werden soll. Der Datensatz des Raumzustandes ist so zu verändern, daß der Nutzer durch das Thema geführt wird. Dazu können folgende Veränderungen angewandt werden:

- das sukzessive Anzeigen von Geoobjekten nach deren räumlicher oder statistischer Verteilung, um das Auge und die Aufmerksamkeit des Nutzers zu lenken und damit die gesamte räumliche Verteilung deutlich zu machen,
- das sukzessive Anzeigen einzelner Geoobjektklassen, um komplexe kartographische Darstellungen zu vereinfachen,
- das variable Kombinieren von Geoobjektklassen, um verschiedene Korrelationen deutlich zu machen,
- das Verändern der Kameraeinstellung, um den Nutzer mit Hilfe sich verändernder Raumausschnitte und Perspektiven sowie sich verändernder Maßstäbe durch den zu präsentierenden Georaum zu führen.

In der Demonstrationsanimation sollten dem eigentlichen Thema Ergänzungen hinzugefügt werden. Diese Ergänzungen können Texte oder auch Graphiken sein, die zusätzliche Informationen geben, um so zum Verständnis des Themas beizutragen.

Struktur. Die *Struktur einer Sequenz*, die Reihenfolge der Szenen, ist nach den für die verschiedenen Veränderungstypen aufgestellten Strukturierungskriterien festzulegen (vgl. Kap. 5.3.1.1).

Die *Struktur der gesamten Animation* ist folgendermaßen zu gestalten:

- Aufmerksamkeit erregen durch einen Text oder eine Graphik
- Einführung in die Animation durch Angaben zum Thema
- Präsentation des eigentlichen Themas. Dabei ist zu berücksichtigen, daß die Darbietung des Themas vom Einfachen zum Komplexen und vom Überblick zum Detail erfolgt.
- Schluß. Der Schluß kann
  - wichtige Punkte des Thema wiederholen und sie damit betonen,
  - die Wichtigkeit des Themas deutlich machen durch eine zusätzliche Graphik oder einen zusätzlichen Text,
  - das Thema in einen größeren Kontext stellen durch zusätzliche Information.

Gestaltung. Die *visuelle Gestaltung* der Szenen ist wie in der temporalen Animation nach zeichentheoretischen Kriterien vorzunehmen.

Auch die *akustische Gestaltung* entspricht der der temporalen Animation. Das gesprochene Wort ist für die Erklärung und Erläuterung des Inhalts der Animation anzuwenden. Musik kann zur Erhöhung der Aufmerksamkeit sowie zur redundanten Informationswiedergabe eingesetzt werden.

Rhythmus und Geschwindigkeit. Rhythmus und Geschwindigkeit sind frei definierbar. Die Geschwindigkeit sollte vom Benutzer variiert und seinen Bedürfnissen angepaßt werden können.

5.3.1.5
Zusammenfassung

Tabelle 9 faßt die Kriterien und Richtlinien, die für die Konzeption einer nontemporalen Animation entwickelt wurden, zusammen und stellt sie vergleichend gegenüber.

Tabelle 9. Kriterien für die Konzeption einer nontemporalen Animation für verschiedene Funktionen

Funktion Kriterien	Exploration	Verifikation	Demonstration
Nutzertyp	Nutzer mit Vorwissen	wie Exploration	Nutzer ohne Vorwissen
Nutzungssituation	Nutzung und Erstellung von derselben Person	wie Exploration	Nutzung und Erstellung von verschiedenen Personen
Inhalt	Sequenzen mit: variablem Kombinieren von Geoobjektklassen, variierendem Datenaufbereitungsverfahren und -grad, variierenden Darstellungsmodellen, variierenden Einzelzeichen, variierender Kameraeinstellung, variierender Beleuchtung	wie Exploration, jedoch an Hypothesen orientiert	Sequenzen mit: sukzessivem Anzeigen einzelner Geoobjekte oder Geoobjektklassen, variables Kombinieren von Geoobjektklassen, variierende Einzelzeichen, variierende Kameraeinstellung
Struktur	*einer Sequenz*: vorgegeben durch Veränderungstyp. *Gesamtstruktur*: nur eigentliches Thema, optionaler Schluß als vergleichende Zusammenfassung	wie Exploration	*einer Sequenz*: vorgegeben durch Veränderungstyp. *Gesamtstruktur*: Aufmerksamkeit wecken Einführung Hauptteil/Thema Schluß (Wiederholung, Betonung)
Gestaltung			
visuell	graphische Variablen, Kamera und Lichtquelle zur Gestaltung kartographischer Darstellungen	wie Exploration	graphische Variablen, Kamera und Lichtquelle zur Gestaltung kartogr. Darstellungen
akustisch	Folge von Tönen sowie Signaltöne zur akustischen Wiedergabe der Datenstruktur	wie Exploration	Stimme zur Beschreibung, Erklärung und Ergänzung, Musik zur Erhöhung der Aufmerksamkeit
Rhythmus	frei wählbar	wie Exploration	frei wählbar
Geschwindigkeit	muß variieren	wie Exploration	ist konstant

5.3.2
Erzeugung

Im folgenden wird die Erzeugung einer nontemporalen Animation in ihren Teilschritten vorgestellt.

5.3.2.1
Modellierung der Animationsobjekte

Im Teilprozeß der Modellierung werden die einzelnen Animationsobjekte mit ihren Merkmalen festgelegt. Die Modellierung ist nicht vom Animationstyp abhängig. Daher ist die Modellierung der Animationsobjekte wie in der temporalen Animation durchzuführen (Kap. 4.3.2.1).

Die *Modellierung der Graphikobjekte* wird entsprechend der geometrischen und graphischen Merkmale der Geoobjekte mit Hilfe der verschiedenen geometrischen Modellierungsverfahren und der Farb-Muster-Variablen durchgeführt.

Die *Modellierung der Kamera* wie auch *der Lichtquelle* erfolgt durch Festlegung der einzelnen Parameterwerte dieser Objekte.

5.3.2.2
Formulierung von Veränderungsvorschriften

Die Veränderungstypen der nontemporalen Animation sind mit Hilfe geeigneter Veränderungsvorschriften zu beschreiben. Diese Vorschriften sind für die Erzeugung einer Animation erforderlich. Im folgenden werden Grundlagen zur Formulierung individueller Veränderungsvorschriften vorgestellt. Sie können als elementare Veränderungen in einem kartographischen Animationsprogramm implementiert und über geeignete Benutzeroberflächen dem Anwender zur Erzeugung nontemporaler Animationen zur Verfügung gestellt werden.

Veränderungsvorschriften der nontemporalen Keyframe-Animation. Die Formulierung von Veränderungsvorschriften für die Keyframe-Animation erfordert es, geeignete Interpolationselemente für die jeweilige Anwendung zu definieren. Die Keyframe-Animation, die auf der Interpolation zwischen zwei Keyframes beruht, ist nur anwendbar, wenn sich ein Animationsobjekt zwischen zwei Schlüsselszenen kontinuierlich verändert. In der nontemporalen Animation ist dies nur bei Veränderungen der Kamera und der Lichtquelle gegeben. Alle anderen Veränderungen der nontemporalen Animation sind diskrete Veränderungen, die nicht zu interpolieren sind. Aus diesem Grund können nur für Veränderungen der Kamera und der Lichtquelle Interpolationselemente definiert werden. Die Interpolationselemente sind Liniensegmente in der bildbasierten oder Parameter in der parametrischen Keyframe-Animation.

Kamera und Lichtquelle lassen sich durch folgende Parameter beschreiben (Tab. 10).

Tabelle 10. Parameter der Animationsobjekte der nontemporalen Animation

Animationsobjekt	Merkmal	Parameter
Kamera	Position	$\langle x,y,z \rangle$
	Distanz	$\langle d \rangle$
	Neigungswinkel	$\langle \theta \rangle$
Lichtquelle	Position	$\langle x,y,z \rangle$
	Einfallswinkel	$\langle \theta \rangle$

Veränderungsvorschriften der nontemporalen prozeduralen Animation. Für die Erzeugung einer prozeduralen Animation ist es erforderlich, Veränderungsvorschriften in Form von Transformationsvorschriften zu formulieren, die die elementaren Veränderungstypen der nontemporalen Animation wiedergeben und erzeugen. Die Veränderungstypen der nontemporalen Animation lassen sich durch folgende Transformationsvorschriften beschreiben (vgl. Tab. 11, 12, 13 u. 14).

Tabelle 11. Transformationsvorschriften der nontemporalen Animation für die Graphikobjekte[7]

Veränderung	Prozedur	Transformation
Position	change_pos_GRO $\langle dx,dy,dz \rangle$	$\begin{pmatrix} x' \\ y' \\ z' \end{pmatrix} := \begin{pmatrix} x + dx \\ y + dy \\ z + dz \end{pmatrix}$
Größe	change_size_GRO $\langle sx,sy,sz \rangle$	$\begin{pmatrix} x' \\ y' \\ z' \end{pmatrix} := \begin{pmatrix} sx & 0 & 0 \\ 0 & sy & 0 \\ 0 & 0 & sz \end{pmatrix} * \begin{pmatrix} x \\ y \\ z \end{pmatrix}$
Richtung	change_dir_GRO $\langle \theta x, \theta y, \theta z \rangle$	um x-Achse: $\begin{pmatrix} x' \\ y' \\ z' \end{pmatrix} := \begin{pmatrix} 1 & 0 & 0 \\ 0 & \cos\theta & -\sin\theta \\ 0 & \sin\theta & \cos\theta \end{pmatrix} * \begin{pmatrix} x \\ y \\ z \end{pmatrix}$ um y-Achse: $\begin{pmatrix} x' \\ y' \\ z' \end{pmatrix} := \begin{pmatrix} \cos\theta & 0 & -\sin\theta \\ 0 & 1 & 0 \\ \sin\theta & 0 & \cos\theta \end{pmatrix} * \begin{pmatrix} x \\ y \\ z \end{pmatrix}$ um z-Achse: $\begin{pmatrix} x' \\ y' \\ z' \end{pmatrix} := \begin{pmatrix} \cos\theta & -\sin\theta & 0 \\ \sin\theta & \cos\theta & 0 \\ 0 & 0 & 1 \end{pmatrix} * \begin{pmatrix} x \\ y \\ z \end{pmatrix}$
Form	change_shape_GRO $\langle P_1,P_1',P_2,P_2'...P_n,P_n' \rangle$	$P_i':=P_i$ f.a. $1 \leq i \leq n$

[7] Die Transformationsvorschrift für die Rotation, die Veränderung der Richtung eines Graphikobjektes, beschreibt eine Rotation um den Nullpunkt. Soll die Rotation um einen anderen Punkt erfolgen, ist das Rotationszentrum um einen entsprechenden Vektor zu verschieben. Dies gilt für die Rotation der Kamera wie auch der Lichtquelle.

Tabelle 11. (Fortsetzung)

Veränderung	Prozedur	Transformation
Farbe	change_col_GRO<(R,G,B)$_{input}$>	col':=(R,G,B)$_{input}$
Helligkeitswert	change_den_GRO<f>	den':=f*(R,G,B)
Textur	change_tex_GRO<tex$_{input}$>	tex':=tex$_{input}$
Darstellungsmodell	change_mod_GRO<mod$_{input}$>	mod':=mod$_{input}$

Tabelle 12. Transformationsvorschriften der nontemporalen Animation für die Graphikobjekte, bezogen auf die Geoobjekte

Veränderung	Prozedur	Transformation
Objektmenge durch Addition	change_menge_GEO_add <Menge von Objekten$_{input}$>	Menge' := Menge $\cup$ Menge$_{input}$
Objektmenge durch Verknüpfung	change_menge_GEO_con <Menge von Objekten$_{input}$>	Menge' := Menge τ Menge$_{input}$
Objektmenge durch Austausch	change_menge_GEO_repl <Menge$_1$ von Objekten$_{input}$, Menge$_2$ von Objekten$_{input}$>	Menge' := Menge \ Menge$_{1input}$ $\cup$ Menge$_{2input}$
Datenaufbereitungsverfahren	change_verf_GEO <Verfahren$_{input}$>	Verf' := Verfahren$_{input}$
Datenaufbereitungsgrad	change_grad_GEO <Anzahl d. Klassen$_{input}$>	Grad' := Anzahl der Klassen$_{input}$

Tabelle 13. Transformationsvorschriften der nontemporalen Animation für die Kamera

Veränderung	Prozedur	Transformation
Position	change_pos_KAM <dx,dy,dz>	$\begin{pmatrix} x' \\ y' \\ z' \end{pmatrix} := \begin{pmatrix} x + dx \\ y + dy \\ z + dz \end{pmatrix}$
Distanz	change_dist _KAM <d >	$\text{Maßstab}' := \begin{cases} \text{Maßstab1 für a} < d \le b \\ \text{Maßstab2 für b} < d \le c \\ \quad \vdots \\ \text{Maßstabn für m} < d \le n \end{cases}$
Kamerawinkel	change_win_KAM < θ x, θ y, θ z>	um x-Achse: $\begin{pmatrix} x' \\ y' \\ z' \end{pmatrix} := \begin{pmatrix} 1 & 0 & 0 \\ 0 & \cos\theta & -\sin\theta \\ 0 & \sin\theta & \cos\theta \end{pmatrix} * \begin{pmatrix} x \\ y \\ z \end{pmatrix}$ um y-Achse: $\begin{pmatrix} x' \\ y' \\ z' \end{pmatrix} := \begin{pmatrix} \cos\theta & 0 & -\sin\theta \\ 0 & 1 & 0 \\ \sin\theta & 0 & \cos\theta \end{pmatrix} * \begin{pmatrix} x \\ y \\ z \end{pmatrix}$ um z-Achse: $\begin{pmatrix} x' \\ y' \\ z' \end{pmatrix} := \begin{pmatrix} \cos\theta & -\sin\theta & 0 \\ \sin\theta & \cos\theta & 0 \\ 0 & 0 & 1 \end{pmatrix} * \begin{pmatrix} x \\ y \\ z \end{pmatrix}$

Tabelle 14. Transformationsvorschriften der nontemporalen Animation für die Lichtquelle

Veränderung	Prozedur	Transformation
Position	change_pos_LQ <dx,dy,dz>	$\begin{pmatrix} x' \\ y' \\ z' \end{pmatrix} := \begin{pmatrix} x + dx \\ y + dy \\ z + dz \end{pmatrix}$
Einfallswinkel	change_win_LQ< θ x, θ y, θ z>	um x-Achse: $\begin{pmatrix} x' \\ y' \\ z' \end{pmatrix} := \begin{pmatrix} 1 & 0 & 0 \\ 0 & \cos\theta & -\sin\theta \\ 0 & \sin\theta & \cos\theta \end{pmatrix} * \begin{pmatrix} x \\ y \\ z \end{pmatrix}$ um y-Achse: $\begin{pmatrix} x' \\ y' \\ z' \end{pmatrix} := \begin{pmatrix} \cos\theta & 0 & -\sin\theta \\ 0 & 1 & 0 \\ \sin\theta & 0 & \cos\theta \end{pmatrix} * \begin{pmatrix} x \\ y \\ z \end{pmatrix}$ um z-Achse: $\begin{pmatrix} x' \\ y' \\ z' \end{pmatrix} := \begin{pmatrix} \cos\theta & -\sin\theta & 0 \\ \sin\theta & \cos\theta & 0 \\ 0 & 0 & 1 \end{pmatrix} * \begin{pmatrix} x \\ y \\ z \end{pmatrix}$

5.3.2.3
Erstellung einer nontemporalen Animation

In den vorangehenden Ausführungen wurden die Grundlagen für die Erzeugung einer nontemporalen Animation aufgezeigt. Der *Prozeß* der Erstellung einer nontemporalen Animation wird im folgenden dargelegt. Dabei wird der generelle Ablauf in seinen aufeinander folgenden Teilschritten beschrieben. Die Beschreibung der konkreten Erstellung erfolgt anhand von Beispielanimationen in Kapitel 7.

5.3.2.3.
Erstellung einer nontemporalen Keyframe-Animation

Die Erstellung der Animation beginnt mit der Modellierung der dynamischen und statischen Animationsobjekte der Keyframes. Als nächstes sind die dynamischen Animationsobjekte Kamera und Lichtquelle über die entsprechenden Parameter zu beschreiben und festzulegen. Den Parametern der Keyframes werden individuelle Parameterwerte zugeordnet. Die Parameterwerte leiten sich nicht wie in der temporalen Animation aus gegebenen Daten ab, sie werden ausschließlich vom Ersteller und dessen Intention bestimmt. Aus den vorgegebenen Werten werden die Parameterwerte der Inbetweens interpoliert. Die Anzahl der Inbetweens ist frei definierbar. Abschließend werden die errechneten Werte in Graphik umgesetzt.

Beispiel für eine nontemporale parametrische Keyframe-Animation

- *Aufgabenstellung:* Erzeugt werden soll eine Animation mit variierender Kameraeinstellung. Der Neigungswinkel der Kamera soll sich von 0° nach 90° ändern.
- *Keyframes:* Keyframes sind die Ausgangsszene mit dem Neigungswinkel 0° und die Endszene mit dem Neigungswinkel 90°.
- Vorgehensweise:
  1. Modellierung der Animationsobjekte der Keyframes.
  2. Parameterdefinition:
  Neigungswinkel $< \theta >$
  3. Zuweisung der Parameterwerte:
  $< \theta_{t1} > = 0°, < \theta_{t2} > = 90°$
  4. Festlegung der Anzahl der Inbetweens
     Die Anzahl der Inbetweens ist frei definierbar; um eine fließende Bewegung zu erhalten sind 24 Szenen pro Sekunde erforderlich.
  5. Interpolation der Neigungswinkel der Inbetweens.
  6. Erzeugung der Graphik der Keyframes und Inbetweens.
  7. Ausgabe der Animation

Die *bildbasierte* Keyframe-Animation findet in der nontemporalen Animation keine Anwendung, da die Veränderungen der Kamera wie auch der Lichtquelle kaum oder nicht über die Interpolation von Liniensegmenten möglich ist.

5.3.2.3.2
Erstellung einer nontemporalen prozeduralen Animation

Die Erstellung einer nontemporalen prozeduralen Animation beginnt mit der Modellierung der dynamischen und statischen Animationsobjekte der Ausgangsszene und der Definition von Transformationsvorschriften für die dynamischen Animationsobjekte (Geoobjekte, Graphikobjekte, Kamera und Lichtquelle).

Im nächsten Schritt werden den einzelnen Transformationen individuelle Parameterwerte zugeordnet. In der nontemporalen Animation leiten sich die Parameterwerte nicht wie in der temporalen Animation aus gegebenen Daten ab, sie werden vom Ersteller der Animation festgelegt und orientieren sich an dessen Intention. Die Parameterwerte werden somit *direkt* zugewiesen, die Ableitung der Werte mit Hilfe eines Signaturenmaßstabes oder einer Wertklassenzuweisung ist nicht erforderlich.

Schließlich ist noch die zeitliche Dimension der Transformationen festzulegen. Dazu sind Beginn und Ende bzw. Dauer sowie die Anzahl der Transformationsschritte zu definieren. Die zeitlichen Parameterwerte sind wieder frei vom Ersteller der Animation bestimmbar.

Beispiel für eine nontemporale prozedurale Animation:

- *Aufgabe:* Erstellt werden soll eine Animation mit einem sukzessiven Anzeigen der weltweiten Edelmetallvorkommen. Die Vorkommen sollen nach ihrer Länderzugehörigkeit dargestellt werden.

- *Aufbau der Szenen*: Die Szenen bestehen aus statischen Animationsobjekten, die die Basiskarte bilden und aus dynamischen Animationsobjekten, den Edelmetallvorkommen.
- Vorgehensweise:
  1. Modellierung der statischen und dynamischen Animationsobjekte
  2. Definition der Transformationsvorschriften:
     Veränderung der Geoobjektmenge durch eine Addition
     change_menge_GEO_add Liste <Menge der Edelmetallvorkommen>$_{input}$
     menge' := menge $\cup$ menge$_{input}$ (vgl. Kap. 5.3.2.2)
  3. Zuordnung der Parameterwerte:
     <Menge der Vorkommen>$_{input(t1)}$:= Menge Land 1
     <Menge der Vorkommen>$_{input(t2)}$:= Menge Land 2
     <Menge der Vorkommen>$_{input(t3)}$:= Menge Land 3
     :
     <Menge der Vorkommen>$_{input(tn)}$:= Menge Land n
  4. Festlegung der zeitlichen Parameter:
     Zeit <Start, Ende, Anzahl der Transformationsschritte)
     change_menge_GEO_add (Liste <Menge der Vorkommen>$_{input(t1)}$, Zeit <t_1, t_2, 1>)
     :
     change_menge_GEO_add (Liste <Menge der Vorkommen>$_{input(tn)}$, Zeit <t_{n-1}, t_n, 1>)
  5. Berechnung und Erzeugung der Graphik
  6. Ausgabe der Animation

5.3.2.3.3
Zusammenfassung

Der Erstellungsprozeß der nontemporalen Animation wird für die verschiedenen Animationstechniken im folgenden Ablaufschema zusammenfassend und vergleichend aufgezeigt (Abb. 40).

5.3.3
Wahl der Animationstechnik

Die Wahl der Animationstechnik ist in der nontemporalen Animation vom zeitlichen Verlauf der Veränderung – kontinuierlich oder diskret – abhängig.

A) Die *Keyframe-Technik* kann nur kontinuierlich verlaufende Veränderungen erzeugen. Kontinuierlich verlaufende Veränderungen sind in der nontemporalen Animation Veränderungen der Kameraeinstellung oder der Beleuchtung. Für sie ist die Keyframe-Technik anwendbar.

B) Die *prozedurale Animationstechnik* kann für alle kontinuierlichen und diskreten Veränderungen angewandt werden, die sich durch eine Transformationsvorschrift beschreiben lassen. Sie ist in der temporalen Animation immer für die Erzeugung diskreter Veränderungen einzusetzen.

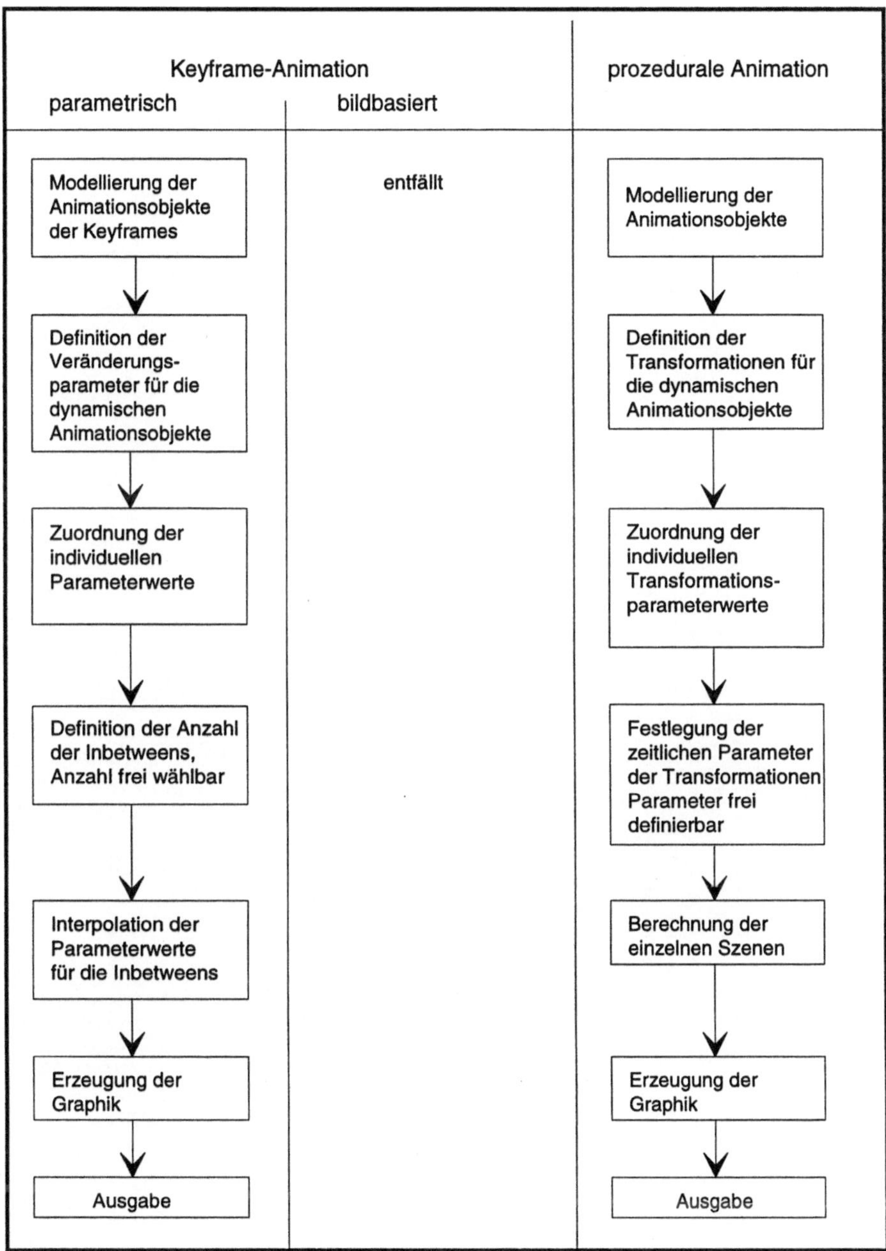

Abb. 40. Erstellungsprozeß einer nontemporalen Animation mittels verschiedener Techniken

6 Animationssoftware:
Aufbau und allgemeine Leistungsmerkmale

Für die Erzeugung von Animationen gibt es sehr unterschiedliche Softwarepakete auf dem Markt. So bieten bereits gängige Präsentationsprogramme (z.B. Power Point oder Charisma) die Möglichkeit, einfache Animationen in Form von sog. Slideshows zu erzeugen. Diese Slideshows bestehen aus einem Stapel von Einzelbildern, die in einer bestimmten Reihenfolge am Computer abgespielt und gezeigt werden. Sie stellen die einfachste Form der Animation dar. Sollen aufwendigere und komplexere Animationen wie z.B. die Transformation einer Ausgangsfigur in eine Endfigur erstellt werden, muß spezielle Animationssoftware eingesetzt werden. Innerhalb der zur Verfügung stehenden Animationssoftware lassen sich drei grobe Leistungskategorien unterscheiden. Die Software des Highendbereichs (z.B. Explore von Alias-Wavefront oder Renderman von Pixar), die für die Erzeugung sehr aufwendiger Animationen in wissenschaftlichen Simulationen oder in der Filmindustrie (z.B. Jurassic Parc, Toy Story) verwendet wird. Diese Animationsprogramme erfordern eine hohe Rechenleistung und brauchen daher Workstations als Hardwareplattform. Die zweite und damit mittlere Softwarekategorie (z.B. Animator Studio und 3D Studio von Autodesk oder Director von Macromedia) bietet die gesamte Funktionalität zur Erstellung von Animationen; sie ist jedoch kaum für die Erzeugung von Spezialeffekten geeignet. Mit diesen Animationsprogrammen lassen sich alle Animationen „des täglichen Bedarfs" für die Werbung, Unterhaltungsindustrie und wissenschaftliche Visualisierung realisieren. Sie sind auf gut ausgerüsteten PCs lauffähig. Die dritte Kategorie schließlich wird von Animationsprogrammen gebildet, die nur über eine eingeschränkte Funktionalität zur Erzeugung von Animationen verfügen, sie sind z.B. nur für die Erstellung von Transformationen (Morphing) oder Textanimationen ausgelegt.

Der Leistungsumfang von Animationssoftware und damit auch ihre Einsatzmöglichkeit wird durch die Funktionalität, die die Software bietet, bestimmt. Im folgenden werden daher allgemeine, auf die Funktionalität bezogene Leistungsmerkmale von Animationsprogrammen vorgestellt. Dabei wird vor allem auf die für die kartographische Anwendung wichtig erscheinenden Kriterien eingegangen. Anhand dieser Kriterien kann die Funktionalität einer konkreten Animationssoftware abgefragt und damit ihr Leistungsumfang beurteilt werden. Außerdem geben die Kriterien Hilfestellung darin, die eigenen Bedürfnisse an eine Animationssoftware zu konkretisieren und zu formulieren.

Auf die Beschreibung einzelner Softwarepakete wird im Rahmen dieses Buches verzichtet, da dieser Sektor – wie in der EDV üblich – ständigen Veränderungen unterworfen ist. Es sei in diesem Zusammenhang auf die einschlägigen Computerzeitschriften verwiesen, die regelmäßig über aktuelle Entwicklungen und Neuerungen berichten.

Aufbau von Animationssoftware

Animationssoftware ist generell aus zwei Komponenten aufgebaut

- der Modellierungskomponente und
- der Animationskomponente.

Mit Hilfe der Modellierungskomponente werden die statischen und dynamischen Animationsobjekte der einzelnen Szenen erstellt. Diese Komponente beinhaltet je nach Programmpaket Funktionalitäten, die für die Generierung von zwei- bzw. dreidimensionalen Objekten und Szenen erforderlich sind.

Mit der Animationskomponente werden die in der Modellierungskomponente erzeugten Objekte und Szenen animiert. Dabei werden alle Festlegungen für die Berechnung der Animation getroffen. Es wird das Animationsverfahren bestimmt (z.B. Morphing oder Colorcycling) und es werden die zeitlichen Parameter der Animation, nämlich die Anzahl der Szenen der Animation und die Geschwindigkeit, definiert.

Modellierungskomponente

Der Leistungsumfang der Modellierungskomponente ist abhängig von den Möglichkeiten, die das Programm zur geometrischen und graphischen Modellierung der Animationsobjekte bietet.

2D-Modellierung

Für die Modellierung zweidimensionaler Objekte sind Funktionen zur Erzeugung von Punkt-, Linien- und Flächenobjekten sowie Text erforderlich. Es sollte sowohl die Freihandzeichnung als auch die Konstruktion mittels vorgegebener Linien- und Kurvenelemente oder mittels geometrischer Grundformen wie Rechteck und Kreis möglich sein. Für die graphische Gestaltung der Objekte müssen verschiedene graphische Mittel zur Verfügung stehen. So sind die grundlegenden Gestaltungsmittel wie Farbe, Muster, Linientyp, Symbol und Textfont erforderlich. Sie können ergänzt sein durch spezielle Gestaltungseffekte wie kontinuierliche Farbverläufe oder Transparenz. Auch verschiedene Malwerkzeuge wie „brush" oder „spray" können die graphische Gestaltung hilfreich unterstützen.

Als Eingabegeräte für die Modellierung sollten Maus, Digitalisiertablett und auch Scanner zur Verfügung stehen. Für eine kartographische Animation können die statischen und dynamischen Kartenobjekte einer Karte entweder digitalisiert werden, oder es kann eine Karte eingescannt werden, die als statische Basiskarte für die dynamischen Objekte (z.B. Wanderungen, Warenflüsse, Ausbreitung von bestimmten Phänomenen) dient.

Eine Alternative zur Modellierungskomponente ist, Szenen in anderen Programmen zu erstellen und sie nur für die eigentliche Animation in das Animationsprogramm zu laden. Erforderlich ist dies, wenn Szenen nicht oder nur sehr schwer mit Hilfe der in der Modellierungskomponente zur Verfügung gestellten Tools zu erzeugen sind. Dies trifft häufig für kartographische Animationen zu, da die auf dem Markt befindliche Animationssoftware meist nicht über die für die Kartographie erforderlichen Funktionalitäten verfügt, z.B. die exakte Umsetzung gemessener Werte durch einen Karten- oder Signaturenmaßstab. In diesem Fall sind die einzelnen Szenen, die einzelnen kartographischen Darstellungen, durch ein Kartographiepaket zu erzeugen und an das Animationsprogramm zu übergeben. Wichtig ist in diesem Zusammenhang, daß die Animationsprogramme über Austauschformate wie z.B. DXF oder TIFF zu gängigen Schnittstellen verfügen.

3D-Modellierung

Für die Erzeugung dreidimensionaler Objekte und Szenen sind komplexe Funktionalitäten zur geometrischen und graphischen Modellierung erforderlich. Die geometrische Modellierung sollte mittels Drahtkörpern, Oberflächen oder Körperelementen oder auch über komfortable, leicht verformbare Splines durchzuführen sein. Darüber hinaus werden vor allem im Bereich der photorealistischen Computer-Animation Verfahren zur Modellierung natürlicher Erscheinungsformen eingesetzt wie Fraktale oder Particle Systems. In dreidimensionalen Szenen werden für die graphische Modellierung außerdem Verfahren für die Oberflächen- und Beleuchtungsmodellierung angeboten. Mit Hilfe der Oberflächenmodellierung werden den geometrisch modellierten Objekten Oberflächeneigenschaften wie Farbe, Material (Stein, Wasser, Vegetation), Struktur (grobkörnig, glatt) zugeordnet. Verfahren dazu sind:

- das Texture-mapping (Übertragung einer zweidimensionalen Oberflächentextur, z.B. das Photo eines Gebäudes oder Geländes, auf ein dreidimensionales Animationsobjekt z.B. auf ein modelliertes Gebäude oder Gelände)
- das Bump-mapping (Erzeugung scheinbar dreidimensionaler Oberflächenstrukturen wie z.B. die eines Golfballes durch Variation der Funktion der Oberflächennormalen).
- das Solid-texturing (im Gegensatz zum Mapping wird bei diesem Verfahren kein „aufkleben" der Textur vorgenommen. Die Textur wird massiv für den gesamten Körper berechnet und ist somit auch an Schnittkanten vorhanden.)

Die Modellierung der Beleuchtung der dreidimensionalen Objekte kann mit verschiedenen Verfahren durchgeführt werden. Sie sind

- das Gourad-shading oder Phong-shading (Berechnung der Farbverläufe und Reflexionseigenschaften von dreidimensionalen Objekten anhand des Lichteinfalls)
- das Ray-tracing (Berechnet zusätzlich zu den Farbverläufen und Relexionseigenschaften Transparenz, Spiegelung, Brechung und Schattenwurf von Objekten in Abhängigkeit von Art und Anzahl der Lichtquellen. Das Ray-tracing-Verfahren erzeugt sehr realistische Szenen.)

Für die Erzeugung kartographischer Animationen werden in vielen Fällen zwei-dimensionale Modellierungskomponenten genügen. Die Möglichkeiten der Oberflächen- und Beleuchtungsmodellierung in dreidimensionalen Animationsprogrammen sind in der kartographischen Animation erforderlich, wenn sehr anschauliche, realitätsgetreue dreidimensionale Animationen erstellt werden sollen. Beispiel dafür sind 3D-Geländedarstellungen oder „begehbare" Raumausschnitte.

Animationskomponente

Der Leistungsumfang der Animationskomponente wird in erster Linie bestimmt durch die zur Verfügung stehenden Animationsmethoden. Die Animationsmethoden legen fest, welche Formen der Animation erstellt werden können. Im folgenden werden die verschiedenen Methoden, die in der Kartographie Anwendung finden können, vorgestellt. Sie sind (nach Gersmehl 1990):

- Slideshow
- Textanimation
- Pfad-Animation
- Stage-and-actor-Animation
- Colorcycling-Animation
- Metamorphose-Animation (Morphing, Tweening)
- Model-and-camera-Animation

Slideshow

Mit Slideshow wird eine Animation bezeichnet, die aus einer Folge von Einzelszenen wie Photos, Diagrammen oder Karten besteht, die inhaltlich zueinander in Beziehung stehen und am Computer in einer festgelegten Reihenfolge abgespielt werden. Zwischen den einzelnen Bildern sind effektvolle Bildübergänge möglich, wie Ein- und Ausblenden, Überblenden oder ein Auflösen (Pixelation) des Bildes. In der Kartographie können Slideshow z.B. für die Präsentation einer Kartenreihe oder Kartenserie angewandt werden (Abb. 41).

Textanimation

In einer Textanimation werden Texte dynamisch präsentiert. Die Texte können sich dabei in einer Art Rollbewegung von unten nach oben oder von links nach rechts über den Bildschirm bewegen. Eine weitere Möglichkeit ist, Text buchstaben- oder zeilenweise auf den Bildschirm zu „tippen" und den Text damit sukzessive aufzubauen. Animierte Texte können in kartographischen Animationen herangezogen werden, um ergänzende Erläuterungen dynamisch zu gestalten und sukzessive anzuzeigen (Abb. 42).

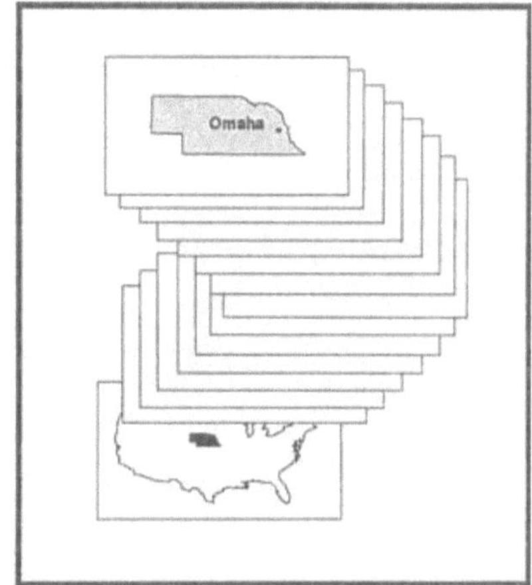

Abb. 41. Slideshow (nach Gersmehl 1990:4)

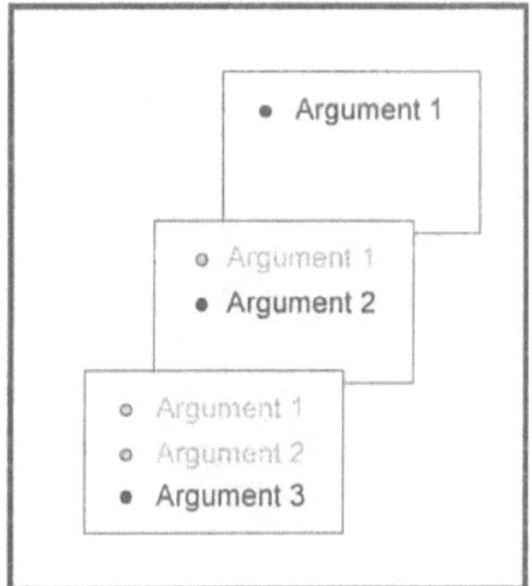

Abb. 42. Textanimation (nach Gersmehl 1990:5)

Pfad-Animation

Bei der Pfad-Animation wird ein Objekt in einem Bild entlang eines definierten
Pfades bewegt. In dieser Animation wird ein Bild, eine Szene, erzeugt, in die mit
Hilfe der Maus der Bewegungspfad eingezeichnet wird. Aus dem einmal erzeug-
ten Bild und der Pfaddefinition wird eine Animationssequenz generiert. Die Pfad-
Animation eignet sich in der Kartographie, um Wanderbewegungen darzustellen
(Abb. 43).

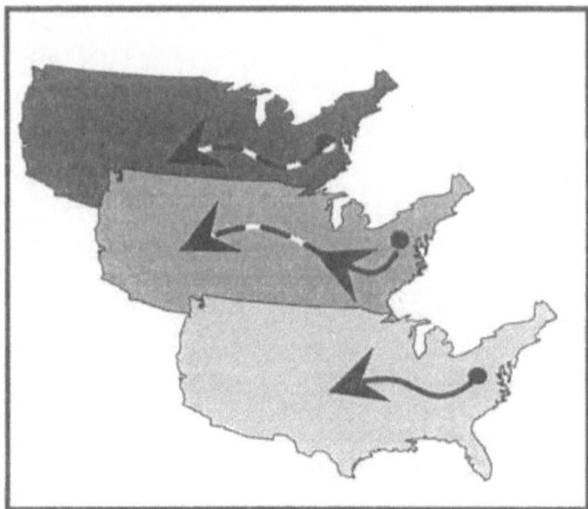

Abb. 43. Pfad-Animation (nach Gershmehl 1990:5)

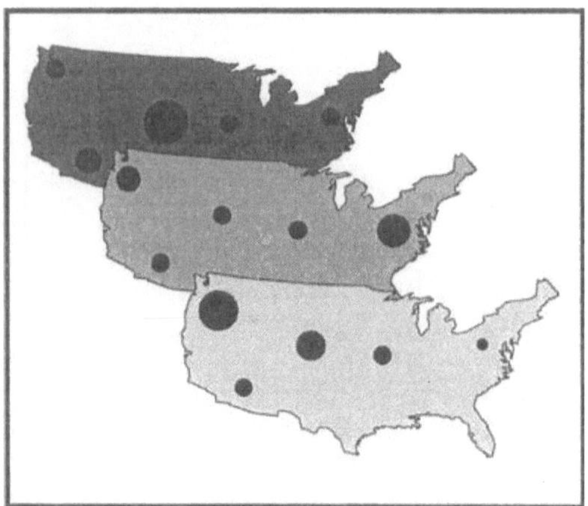

Abb. 44. Stage-and-actor-Animation

Stage-and-actor-Animation

Die Stage-and-actor-Animation arbeitet mit Hintergründen und Akteuren. Die
Hintergründe bleiben während der Animation unverändert, dagegen können die
Akteure (die dynamischen Animationsobjekte) in verschiedener Weise variieren.
Die Akteure einer Stage-and-actor Animation sind nach komplexen Skripts auf
dem Hintergrund (der Bühne) zu „dirigieren". Dabei können die Veränderungen
der Animationsobjekte an bestimmte Bedingungen geknüpft werden. Diese Form
der Animation könnte z.B. verwendet werden, um Veränderungen der Qualität
und Quantität von Objekten darzustellen (Abb. 44).

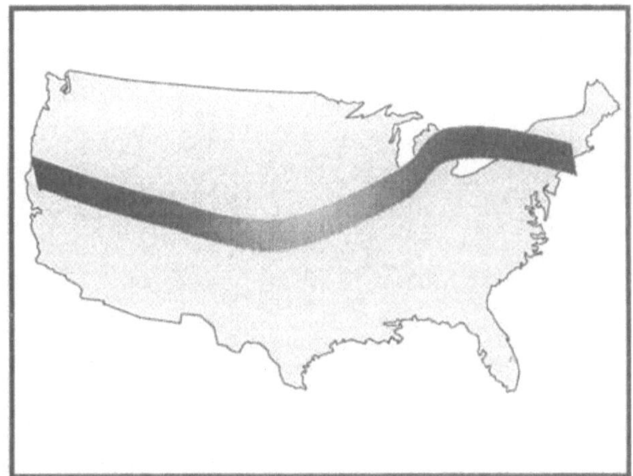

Abb. 45. Colorcycling-Animation (nach Gershmehl 1990:7)

Colorcycling-Animation

Colorcycling ist eine Form der Animation, die sich hervorragend eignet, um kontinuierliche fließende Bewegung darzustellen. Beim Colorcycling wird eine Folge von Farben bestimmt. Diese Farbfolge wird mit einem speziellen Zeichentool entlang des Pfades aufgetragen. In der Animation wird eine Sequenz von Bildern generiert, in der die Farben der Farbfolge für jedes Bild um einen Schritt versetzt sind, z.B. hat das erste Bild die Farbfolge Hellblau, Mittelblau, Dunkelblau, Schwarz, das zweite Bild hat die Folge Mittelblau, Dunkelblau, Schwarz, Hellblau; das dritte Bild hat die Folge Dunkelblau, Schwarz, Hellblau, Mittelblau usw.. Läuft diese Bildfolge in hoher Geschwindigkeit vor dem Betrachter ab, wird der Eindruck von Farbwellen, von fließender Bewegung in eine bestimmte Richtung, hervorgerufen. In der Kartographie kann Colorcycling eingesetzt werden, um z.B. Verkehrs- oder Warenströme darzustellen (Abb. 45).

Metamorphose-Animation (Morphing, Tweening)

Unter Metamorphose wird eine Animation verstanden, die zur Veränderung der Form und Gestalt von Bildobjekten eingesetzt wird. Sie eignet sich vor allem für komplexe, unregelmäßige Formveränderungen. Beim Morphing wird eine Ausgangs- und eine Endfigur definiert. Aus diesen Figuren werden für die Animation Zwischenfiguren mittels Interpolation berechnet, so daß ein kontinuierlicher Übergang von der Ausgangs- zur Endfigur möglich wird. Die Metamorphose-Animation kann in der Kartographie genutzt werden, um Veränderungen der Ausdehnung von Räumen z.B. Stadtgebieten oder auch Naturräumen zu zeigen (Abb. 46).

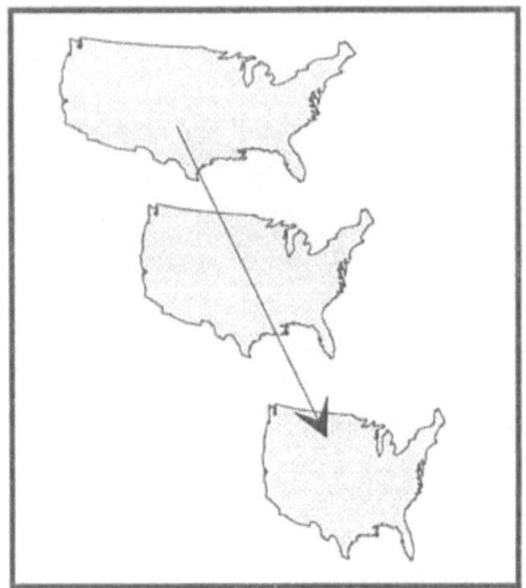

Abb. 46. Metamorphose-Animation (nach Gershmehl 1990:7)

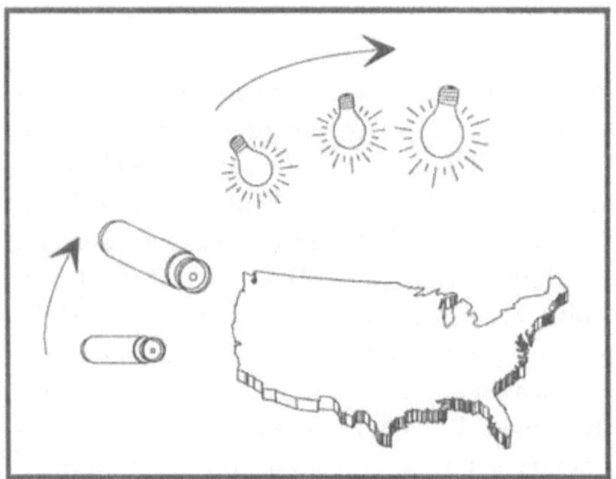

Abb. 47. Model-and-camera-Animation (nach Gershmehl 1990:7)

Model-and-camera-Animation

Model-and-camera-Animationen sind dreidimensionale Animationen, in denen
Graphikobjekte, Kamera und Lichtquellen eingesetzt werden können. Die Graphikobjekte wie auch die Kamera und Lichtquellen werden in Form von Modellen
beschrieben, die über Koordinaten und andere Eigenschaften wie Textur, Beleuch-
tungsrichtung, Kameraperspektive usw. festgelegt sind. Die Veränderungen in
dieser Animation können entweder die Graphikobjekte und deren Position und
graphische Gestaltung betreffen oder sich auf die Kamera und ihre Perspektive
sowie auf die Lichtquelle mit ihren Eigenschaften beziehen. In der Kartographie
kann diese Form der Animation eingesetzt werden, um Geländemodelle oder
andere dreidimensionale kartographische Modelle zu animieren (Abb. 47).

7 Beispiele kartographischer Animationen

Die im ersten Teil des Buches vorgestellten theoretischen und methodischen Grundlagen sollen im folgenden anhand verschiedener kartographischer Animationen veranschaulicht werden. An konkreten Beispielen werden die Konzeption und Erzeugung kartographischer Animationen noch einmal erläutert und auftretende Schwierigkeiten und Probleme aufgezeigt. Die Vorgehensweise orientiert sich dabei an dem in Abbildung 6 skizzierten Ablaufdiagramm des Animationsprozesses. Die Beispielanimationen wurden alle im Rahmen einer Lehrveranstaltung an der FU Berlin mit dem Programm ANIMATOR PRO erzeugt. Sie sind auf der beiliegenden CD-ROM enthalten. Die Animationen haben sehr unterschiedliche Akzente. Sie zeigen damit zum einen die verschiedenen Möglichkeiten der Anwendung von Computer-Animation und machen zum anderen auf die unterschiedlichen Schwerpunkte und Probleme, die bei Konzeption und Erzeugung einer kartographischen Animation zu berücksichtigen sind, aufmerksam.

7.1
Die Entwicklung des Schnellbahnnetzes und der bebauten Fläche in Berlin und Umgebung von 1871–1993

Die Animation zeigt die Entwicklung des S-Bahnnetzes und der Siedlungsfläche von Berlin und Umgebung von 1871 bis 1993. Vor allem die Entwicklung des S-Bahnnetzes weist eine ausgesprochen hohe Dynamik auf: die schrittweise Eröffnung von Streckenabschnitten, die sukzessive Elektrifizierung , die Zerstörung während des Zweiten Weltkrieges, die totale Trennung von Ost- und Westberlin durch den Mauerbau, die Streckenstillegungen im Westteil der Stadt nach 1980 und die Wiederinbetriebnahme nach der Maueröffnung. Diese vielfältigen Veränderungen lassen sich in ihrer Komplexität nur bedingt in einer statischen Papierkarte wiedergeben. Mittels der dynamischen Animation soll in dem Beispiel versucht werden, all diese Veränderungen unmittelbar sichtbar zu machen.

Konzeption

1. Formulierung von Thema, Zielgruppe und Funktion
   Ziel war es, eine Animation zur Demonstration der S-Bahnentwicklung im Zusammenhang mit der Entwicklung der Siedlungsflächen zu erstellen. Zielgruppe ist ein Nutzer ohne großes Vorwissen.

2. Festlegung des Inhalts
Die Entwicklung des S-Bahnnetzes soll an folgende inhaltlichen Punkten gezeigt werden:
- den einzelnen Ausbaustufen des S-Bahnnetzes von 1871–1993
- der schrittweise Elektrifizierung der S-Bahnstrecken
- dem Zusammenbruch des S-Bahnverkehrs während des Zweiten Weltkrieges
- der Wiederinbetriebnahme nach dem Krieg
- dem Mauerbau und die damit verbundenen Streckenkappungen
- der Schließung einzelner Streckenzüge in den 80er Jahren
- der Wiederinbetriebnahme von Streckenabschnitten nach dem Mauerfall.

Außerdem soll die Entwicklung des Stadtgebietes von Berlin und den umliegenden Orten von 1871-1993 gezeigt werden, um die korrespondierende Entwicklung von Verkehrsinfrastruktur und Siedlung zu demonstrieren.

3. Festlegung der Struktur:
Die Animation ist aus drei einzelnen Sequenzen aufgebaut, von denen zwei Sequenzen zeitlich überlagert sind. Die erste Sequenz beinhaltet den Titel und die wichtigsten Ereignisse der S-Bahnentwicklung. Sie dient der Einführung in das Thema. Die Texte sind animiert und werden sukzessive auf dem Bildschirm aufgebaut.

Die Sequenzen zwei und drei zeigen die S-Bahnentwicklung (Sequenz 2) und die Siedlungsentwicklung (Sequenz 3). Sie wurden zeitlich übereinandergelegt, und werden damit zeitgleich abgespielt. Sie zeigen das eigentliche Thema.

4. Festlegung der Schlüsselszenen (Keyframes)
Für jede Sequenz wurden Schlüsselszenen festgelegt, an denen die Gestaltung der kartographischen Darstellung vorgenommen und aus denen die Animation erzeugt wird.

Für die S-Bahnentwicklung wurden als Schlüsselszenen die Szenen gewählt, die markante Neuentwicklungen zeigen: die erstmalige Inbetriebnahme, die Elektrifizierung, die Stillegung und die Wiederinbetriebnahme von Streckenabschnitten.

Für die Sequenz der Siedlungsentwicklung wurden zwei Schlüsselszenen festgelegt, der Ausgangszustand um 1871 und der Endzustand um 1993. Die dazwischenliegenden Szenen sollten mit Hilfe eines Tweenings (Metamorphose-Animation) durch den ANIMATOR PRO errechnet und erzeugt werden.

Die Beschränkung auf diese beiden Keyframes hat sich nicht bewährt; da zwischen den Keyframes gleichmäßig interpoliert wurde und dadurch der falsche Eindruck einer kontinuierlichen und gleichmäßigen Siedlungsgebietserweiterung erweckt wird. Dies entspricht nicht den realen Gegebenheiten. Besser wäre es gewesen, auch Keyframes für dazwischen liegende Zeitpunkte zu wählen, um das Wachstum der Siedlungsfläche der Realität anzupassen.

Dies wurde im Rahmen des Seminars nicht getan, da sich die Digitalisierung der Keyframes als sehr arbeits- und zeitaufwendig erwies.

5. Kartographische Gestaltung der Schlüsselszenen
An den Schlüsselszenen erfolgt die kartographische Gestaltung der Animation. Es wird dabei die graphische Ausprägung der statischen und dynamischen Kartenobjekte wie auch der Inhalt der Legende festgelegt. Die statischen Objekte der Karte, das Flußnetz, bleiben stets unverändert, den dynamischen Kartenobjekte, den Streckenabschnitten und den Siedlungsflächen, werden je nach Status neue Ausprägungen zugewiesen.

Die Legende ist so konzipiert, daß sie immer nur die Objekte zeigt, die auch in der Karte zu sehen sind. Die Karte ist also dynamisch und paßt sich den Inhalten der Karte an. Damit soll vermieden werden, daß der Betrachter durch Signaturen abgelenkt wird, die nicht in der Karte zu sehen sind.

6. Festlegung des Zeitmaßstabes
Der Zeitmaßstab der Animation ist so gewählt, daß jedem Jahr eine Einheit Präsentationszeit (= 5 Szenen) zugewiesen wurde. Damit ist das Verhältnis Realzeit zu Präsentationszeit festgelegt. Die Geschwindigkeit, in der die Animation abgespielt wird , ist unabhängig von dieser Maßzahl und kann vom Benutzer interaktiv im Programm ANIMATOR PRO bestimmt werden. Die Darstellung der Zeit erfolgt über die Angabe der jeweiligen Jahreszahl in der rechten oberen Ecke.

Geplant war, die Zeit über eine sich verändernde Zeitleiste wiederzugeben, dies war jedoch aus programmtechnischen Gründen nicht möglich. In diesem Zusammenhang ist noch zu erwähnen, daß sich die Wahl von Proportionalschrift für die Zeitangabe als ungeeignet erwies. Durch die unterschiedliche Breite der einzelnen Ziffern taucht beim Abspielen der Animation das Problem des „Pulsierens" der Schrift auf. Um dies zu umgehen, wurde eine nichtproportionale Schrift gewählt.

Erzeugung

Auf der Grundlage dieses Konzepts wurde mit der technischen Umsetzung der Animation begonnen.

7. Modellierung der Animationsobjekte und Szenen
Zuerst wurden die ausgewählten Schlüsselszenen, die Keyframes, digitalisiert. Für die Sequenz der Siedlungsflächenentwicklung wurden die Ausdehnung der einzelnen Orte von 1871 sowie die von 1993 digitalisiert.

Im Falle der S-Bahnentwicklung wurde aus der TÜK 200 als Grundkarte das Gewässernetz der Berliner Umgebung digitalisiert. Diese Basiskarte bleibt während der gesamten Animation unverändert. Sie wird allerdings in den Jahren 1961 bis 1989 durch die Grenze West Berlins ergänzt. In diese Grundkarte wurde Szene für Szene das anwachsende S-Bahnnetz digitalisiert. Dabei mußten immer nur die neu hinzukommenden Streckenabschnitte digitalisiert werden, während die bereits vorhandenen Strecken einfach als Kopie in die nächste Szene übernommen wurden. Veränderungen in der Qualität der Strecken (elektrifiziert, stillgelegt) werden durch Zuweisung einer anderen Farbe (gelb, blau) realisiert. Insgesamt wurden auf diese Weise 122 Szenen erstellt.

8. Wahl des Animationsverfahrens und Berechnung der Animation
Das Programm ANIMATOR PRO bietet verschiedene Animationsverfahren an. Für die Erstellung der Siedlungsflächenentwicklung wurde die Tweening-Methode (Metamorphose-Animation)gewählt, bei der aus der Anfangssequenz und der Endsequenz über eine bildbasierte Keyframe Interpolation die gesamte Animation errechnet wird. Da diese Sequenz mit der der S-Bahnentwicklung überlagert wird, mußten beide Sequenzen über gleich viele Szenen verfügen. Es mußten daher über die Interpolation die entsprechende Anzahl an Szenen für die Siedlungsflächenentwicklung erstellt werden.

Die S-Bahn Animation wurde mit Hilfe des Slideshow Verfahrens generiert. Dabei werden die digitalisierten Szenen entsprechend ihrer zeitlichen Reihenfolge sukzessive abgespielt.

Die beiden Einzelsequenzen wurden schließlich zeitlich übereinandergelegt und gemeinsam berechnet.

7.2
Das Ruhrgebiet: Nordwanderung des Bergbaus und Bevölkerungsentwicklung von 1870–1970

Diese Animation hat die Wanderung des Kohlebergbaus und die Bevölkerungsentwicklung im Ruhrgebiet von 1870 bis 1970 zum Inhalt.

Konzeption

1. Formulierung von Thema, Zielgruppe und Funktion
Ziel dieses Beispiels ist es, eine Animation über das Ruhrgebiet zu erzeugen, in der die Wanderung des Bergbaus und die damit in Verbindung stehende Bevölkerungsentwicklung aufgezeigt wird. Die Animation hat Demonstrationsfunktion und ist für Nutzer ohne großes Vorwissen zur Information konzipiert.

2. Festlegung des Inhalts
Die Animation soll folgende Inhalte zeigen:

- Die räumliche Einordnung des Ruhrgebietes
- Die Ausdehnung des Kohleabbaugebietes nach Norden und den zeitweise parallel verlaufenden Rückzug des Bergbaus aus dem südlichen Ruhrgebiet
- Das Anwachsen der Bevölkerung in ausgewählten Städten des Ruhrgebietes.

3. Festlegung der Struktur

Die Animation ist aus vier Sequenzen aufgebaut. Die erste Sequenz zeigt den Titel der Animation. Der Titel bleibt während der gesamten Sequenz unverändert.

In der zweiten Sequenz erfolgt die räumliche Einordnung des Ruhrgebietes. Diese Sequenz gliedert sich in folgende Szenen und Veränderungen:

- Darstellung einer Karte der Bundesrepublik mit Länder- und Staatsgrenzen.
- Hervorhebung von Nordrhein-Westfalen durch eine Farbänderung (von schwarz nach grün).
- Ergänzung dieser Karte durch das Ruhrgebiet, das in dunkelgrüner Farbe hinzugefügt wird (sukzessiver Kartenaufbau).
- Herauszoomen des Ruhrgebietes (Vergrößerung des Maßstabes).
- Löschen der dahinterliegenden Karte der Bundesrepublik.
- Ergänzen der Karte des Ruhrgebietes durch Gewässer und Städte.

Die sich anschließende dritte Sequenz zeigt die Wanderung des Bergbaus. Sie ist aufgebaut aus einer Anfangsszene, die die Grundkarte, die Ruhrgebietskarte aus der vorhergehenden Sequenz, zeigt. Die Farbgebung der Karte wurde jedoch verändert, da die Karte nun nicht mehr Thema sondern Basiskarte ist. Dieser Anfangsszene folgen die Szenen, die die Wanderung des Bergbaus zeigen.

Sequenz vier gibt die Bevölkerungsentwicklung der Städte wieder.

In Sequenz fünf werden die Sequenzen drei und vier (Wanderung des Bergbaus, Entwicklung der Bevölkerung) korreliert und zeitlich überlagert. Die Anbindung der Sequenz fünf an Sequenz vier erfolgt mittels eines Bildübergangeffektes, bei dem die letzte bzw. erste Szene der beiden Sequenzen überblendet wird.

4. Festlegung der Schlüsselszenen

Als Schlüsselszenen wurden die Szenen gewählt, die aufgrund von Veränderungen eine andere graphische Ausprägung (Farbänderung, Ergänzungen) haben oder die für ein Tweening (Metamorphose-Animation) als Anfangs- oder Endkeyframe zu definieren sind.

Für die Sequenz eins wurden die einzelnen Karten der Bundesrepublik Deutschland mit NRW und Ruhrgebiet wie auch die Anfangs- und Endszene des Ruhrgebietszoomings als Schlüsselszenen definiert. In der Sequenz zwei wurden die Schlüsselszenen entsprechend den vorhandenen Daten des Bergbaugebietes gewählt, den Bergbaugrenzen des Altreviers, des Reviers um 1869, um 1913 und um 1971. Die Sequenz drei verfügt über zwei Schlüsselszenen, nämlich die Szenen der Bevölkerungszahl von 1870 und 1970. Auch hier richtet sich die Wahl der Schlüsselszenen nach den vorhandenen Daten.

5. Kartographische Gestaltung der Schlüsselszenen

Die Kartographische Gestaltung der Szenen, also die Zuweisung der graphischen Variablen und des Darstellungsmodells, wurde nach zeichentheoretischen Grundlagen vorgenommen und kann am besten der beiliegenden Animation selbst entnommen werden. Explizit zu erwähnen sind jedoch folgende Punkte.

Die Basiskarte des Ruhrgebietes sollte nicht durch die Fläche des Kohlereviers verdeckt werden, da damit die Orientierung erschwert worden wäre. Aus diesem Grund wurde die Farbe Grau, die das Bergbaurevier denotiert, transparent gewählt, um die darunter liegende Basiskarte „durchscheinen" zu lassen.

Als sehr problematisch erwies sich die Klassifizierung und die Wahl des Signaturenmaßstabes der Kreisdiagramme für die Bevölkerungszahl. Der Minimumwert (1.888 Einw.) und der Maximumwert (698.434 Einw.) der beiden Zeitpunkte 1870 und 1970 liegen derart weit auseinander, daß ein einheitliches, mathematisches Klassifizierungsverfahren nicht anzuwenden war. Die kleinste bzw. die größte Klasse war nicht mehr wahrnehmbar darzustellen. Um dieses Problem zu beheben, wurde eine manuelle Klasseneinteilung entsprechend der Datenverteilung vorgenommen. So ergab sich für das Jahr 1870 eine Klasseneinteilung von 1.000 bis < 10.000, von 10.000 bis < 50.000 und von 50.000 bis < 55.000. Für 1970 ergab sich eine Klassenbildung von 20.000 bis < 50.000, von 50.000 bis < 350.000 und von 350.000 bis < 700.000. Diesen Klassen wurden vier Kreisgrößen zugeordnet. Dabei sind die Kreisgrößen der Klassen 10.000 bis < 50.000 von 1870 und die der Klassen 20.000 bis >50.000 von 1970 identisch. Das gleiche gilt für die Klassen 50.000 bis < 55.000 von 1870 und 50.000 bis < 350.000 von 1970.

Die Legende wurde für die Sequenz der Bevölkerungsentwicklung nur zum Zeitpunkt 1870 und 1970 eingeblendet, da nur zu diesen Zeitpunkten „harte", also gemessene Daten vorliegen. Als Kritikpunkt ist in diesem Zusammenhang aufzuführen, daß die Sequenz fünf, in der beide Themen korreliert werden, keine Legende und auch keine Zeitangabe enthält.

6. Festlegung des Zeitmaßstabes

In dieser Animation wurde im Gegensatz zur o.a. S-Bahn-Animation kein eindeutiger Zeitmaßstab definiert. Es wurde also keine Festlegung getroffen, wieviele Frames, Szenen, einer realen Zeiteinheit z.B. einem Jahr entsprechen. Die Anzahl der Szenen wurde vielmehr danach festgelegt, wie sie sich am günstigsten im Tweeningvorgang, also in der Berechnung der Zwischenszenen aus den Keyframes, ergibt. So werden 100 Jahre durch 118 Szenen abgebildet. Dieses Vorgehen ist in kartographischen temporalen Animationen zu vermeiden, da dadurch keine eindeutige zeitliche Zuordnung möglich ist, und der zeitliche Verlauf verzerrt werden kann.

Die Angabe der Zeit erfolgt in der Sequenz der Bevölkerungsentwicklung nur zu Beginn und zum Ende der Animation als Zahlenangabe. In der Sequenz zur Wanderung des Bergbaus fehlt sie völlig. Auch hier ist Kritik angebracht, da aufgrund der fehlenden Zeitangabe keine zeitliche Einordnung möglich ist.

Erzeugung

7. Modellierung der Animationsobjekte / Szenen
   Die Karten der Bundesrepublik Deutschland wie auch die des Ruhrgebietes
   wurden mit dem ANIMATOR PRO digitalisiert und mit graphischen Attributen
   (Farbe) versehen. Die Diagramme der Bevölkerungsentwicklung sollten ur-
   sprünglich über das Programm COREL DRAW! erzeugt und anschließend in
   den ANIMATOR PRO integriert werden. Dies war jedoch aufgrund der o.a.
   Schwierigkeiten der zu großen Wertedifferenz nicht durchführbar. Die Kreisdiagramme wurden daher manuell mittels der in ANIMATOR PRO zur Verfügung stehenden Zeichenwerkzeuge erstellt und in die Karte plaziert.

8. Wahl des Animationsverfahrens und Berechnung der Animation
   Die Erzeugung der Animation erfolgte mit Hilfe der Tweening- und der Slideshow Methode. Das Zooming des Ruhrgebietes, wie auch die Wanderung des
   Bergbaus und die Entwicklung der Bevölkerungsdiagramme wurden mit Hilfe
   des Tweenings generiert. Die erste Sequenz mit sukzessivem Aufbau der Karte
   der Bundesrepublik ist in Form einer Slideshow realisiert.
   Die Animation der Bergbauwanderung und die der Bevölkerungsentwick-
   lung wurden in der fünften Sequenz kombiniert, sie müssen daher über die
   gleiche Anzahl von Szenen verfügen. Über das Tweening sind also für beide
   Sequenzen gleich viele Szenen zu erzeugen. Dies bringt ein Problem mit sich.
   Das Anwachsen de Kreisdiagramme erfolgt dadurch so langsam, daß es zu
   Beginn der Animationssequenz kaum wahrzunehmen ist. Eine Beschleunigung
   dieser Einzelsequenz ist jedoch nicht möglich, da sie sonst nicht mehr mit der
   Sequenz des wandernden Bergbaus kombinierbar ist.

7.3
Der Aral-See: Entwicklung 1969–1992

Diese Beispielanimation zeigt die Entwicklung des Aral-Sees von 1960 bis 1992
und informiert über Hintergründe und Auswirkungen dieser Entwicklung.

Konzeption

1. Formulierung von Thema, Zielgruppe und Funktion
   Ziel dieser Animation ist es, die dramatische Schrumpfung/Veränderung des
   Aral-Sees und die damit in Verbindung stehenden Ursachen und Auswirkungen
   deutlich zu machen. Die Animation soll über dieses Phänomen eindringlich informieren und die Zusammenhänge sichtbar machen. Sie wendet sich an Betrachter, die wenig über dieses Thema informiert sind.

2. Festlegung des Inhalts

Die Animation soll Wissen über die ökologische Gesamtsituation der Aral-See Gegend vermitteln. Daher sind zusätzlich zu der Veränderung des Aral-Sees auch Informationen über die Ursachen und Auswirkungen der Veränderung zu geben. Für die Animation wurde daher folgender Inhalt festgelegt:

- Räumliche Einordnung des Aral-Sees zur Orientierung.
- Darstellung der Veränderung des Aral-Sees.
- Information über die Gründe der Veränderung des Sees, nämlich den intensiven Bewässerungsfeldbau an den Flüssen Syr Darya und Amu Darya.
- Information über die Auswirkungen des intensiven Bewässerungsfeldbaus auf die Gesundheit der Bevölkerung (Tuberkulosefälle je 100 000 Einwohner).
- Information über Maßnahmen zur Eindämmung der drastischen Entwicklung.

3. Festlegung der Struktur

In dieser Animation wurde besonders auf den dramaturgischen Aufbau Wert gelegt. Der Grund dafür sind die vielen Einzelinformationen sowie deren Zusammenhänge, die dem Betrachter verständlich und anschaulich nahegebracht werden sollen. Die Animation ist insgesamt aus 5 Sequenzen aufgebaut.

Die erste Sequenz gibt den Titel wieder. Sie besteht aus mehreren Szenen, die den Titel sukzessive aufbauen.

In der zweiten Sequenz erfolgt die räumliche Einordnung des Aral-Sees. Diese Sequenz besteht aus folgenden Szenen und Veränderungen:

- Darstellung einer Basiskarte des Aral-Sees und seiner Anrainerstaaten mit blauen Gewässer- und grauen Grenzlinien.
- Sukzessive Ergänzung dieser Basiskarte durch Flächenfüllung und Beschriftung der Anrainerstaaten und des Aral-Sees.
- Hervorhebung des Aral-Sees durch ein Aufblinken des Sees.

Die dritte Sequenz zeigt die flächenmäßige Veränderung des Aral-Sees. Dabei wird zuerst ein Textfeld eingeblendet, das Information über die einstige und derzeitige Größe des Aral-Sees gibt. Dem folgt eine Animation, die die Veränderung des Sees zeigt.

In der vierten Sequenz werden Hintergrundinformationen zu den Ursachen und Auswirkungen der Veränderung des Sees geliefert. Diese Sequenz zeigt zuerst eine Karte mit den Wasserlieferanten des Aral-Sees, den Flüssen Syr Darya und Amu Darya. Sie werden durch sukzessive Beschriftung für den Betrachter hervorgehoben. Ergänzende Textszenen und ein Diagramm verdeutlichen die dramatische Abnahme der Wasserzufuhr der Flüsse (1960 = 55 km^3 und 1992 = 5 km^3).

Dem schließen sich Informationen über den intensiven Bewässerungsfeldbau an den Flüssen Syr Darya und Amu Darya an, für den ein großer Teil des Flußwassers entnommen wird. Eine Karte zeigt die Hauptanbaugebiete entlang der Flüsse, Textszenen liefern Hinweise über den Anbau selbst.

Die Auswirkungen, die diese intensive Landwirtschaft außerdem aufgrund von eingesetzten Pestiziden und Düngemitteln auf die Gesundheit der Bevölkerung hat, wird an einem Diagramm zur Entwicklung der Tuberkuloseerkrankungen sowie verschiedenen Textszenen gezeigt.

Schließlich wird in Form eines sich abschnittsweise aufbauenden Textes Information über Maßnahmen gegeben, die diese Entwicklungen abschwächen könnten.

Die letzte und fünfte Sequenz faßt noch einmal die dramatische Entwicklung des Aral-Sees zusammen. Sie zeigt die Fläche des Sees von 1960 und legt darüber die Fläche von 1992. Dies wird ergänzt durch einen Ausblick auf die zukünftige Entwicklung, der als Text und als eindringliches Schlußplädoyer neben die Gegenüberstellung der beiden Seeflächen eingeblendet wird.

4. Festlegung der Schlüsselszenen
Die Animation ist als Slideshow konzipiert und damit aus eine Folge von einzelnen separaten Szenen aufgebaut. In der Slideshow ist jede Szene eine Schlüsselszene, die separat gestaltet und auch erzeugt werden muß.

Für die Animation der Veränderung des Aral-Sees wurden die Schlüsselszenen entsprechend der vorhandenen Daten gewählt. Die Daten über die Ausdehnung des Aral-Sees lagen nicht in kontinuierlicher Folge für das gesamte Zeitintervall vor. Nur für das Jahr 1960 und die Jahre 1984 bis 1992 standen Daten zur Verfügung.

5. Kartographische Gestaltung der Schlüsselszenen
Die Gestaltung der Szenen erfolgte nach zeichentheoretischen Grundlagen. Besonderheiten bei der Wahl der Signaturen, wie z.B. bei der Animation des Ruhrgebietes, waren in dieser Animation nicht zu berücksichtigen.

6. Festlegung des Zeitmaßstabes
Die Festlegung eines Zeitmaßstabes ist nur für die zweite Sequenz der Animation (die Flächenveränderung des Aral-Sees) erforderlich, da dies die einzige Sequenz ist, in der reale Zeit dargestellt wird. Der Zeitmaßstab wurde so gewählt, daß ein Jahr einer Einheit Präsentationszeit (= eine Szene) entspricht. Dies gilt jedoch nur für den Zeitraum 1984 bis 1992, da ausschließlich für dieses Intervall jährliche Daten vorliegen.

Bei der Erzeugung der Animation ergab sich das Problem, daß das Programm ANIMATOR PRO die sehr komplexe Figur des Aral-Sees mit der darin liegenden Insel nicht interpolieren konnte. Daher war es nicht möglich, Zwischenfiguren für den Zeitraum von 1960 bis 1984 zu erzeugen. Damit stand für die Jahre von 1960 bis 1984 nur ein einziges Bild zur Verfügung. Das Problem wurde schließlich so gelöst, daß der Betrachter auf den Bruch in den vorliegenden Daten explizit hingewiesen wird. Dazu wurde zum einen der Zeitmaßstab für diesen Zeitabschnitt ausgesetzt und zum anderen soll eine sich langsam auflösende Jahreszahl „1960“ den Zeitsprung deutlich machen.

Erzeugung

7. Modellierung der Animationsobjekte und Szenen
   Die einzelnen Szenen der Animation wurden mit verschiedenen Programmen
   erstellt. Die kartographischen Darstellungen wie auch die Textszenen wurden
   mit dem ANIMATOR PRO erzeugt: Die Erstellung der Diagramme erfolgte in
   dem Graphikprogramm COREL DRAW!, sie wurden als GIF-Datei in den
   ANIMATOR PRO übernommen und weiterverarbeitet.

8. Wahl des Animationsverfahrens und Berechnung der Animation
   Das dieser Animation zugrundeliegende Animationsverfahren ist die Slideshow. Alle erstellten Einzelszenen wurden mit Hilfe dieses Verfahrens in eine
   festgelegte Abfolge eingebunden, berechnet und schließlich präsentiert.
   Geplant war, die Animation zur Schrumpfung des Aral-Sees mit Hilfe des
   Tweenings zu erzeugen. Dies war jedoch nicht möglich, da – wie bereits er-
   wähnt – das Programm ANIMATOR PRO die komplexe Figur des Aral-Sees
   nicht interpolieren konnte. Daher wurde auch diese Animation in Form einer
   Slideshow realisiert.

7.4
Verschmutzung von Küsten und Meeren am Beispiel von Öltankerunfällen

Die Animation gibt einen Überblick über den Transport von Erdöl und die damit
verbunden Gefahren von Tankerunfällen und Umweltverschmutzung.

Konzeption

1. Formulierung von Thema, Zielgruppe und Funktion
   Ziel dieser Animation ist es, den Betrachter für die Gefahren, die von den Öl-
   transporten auf den Weltmeeren ausgehen, zu sensibilisieren. Dazu soll die
   Animation in sehr anschaulicher und eindringlicher Weise die Größenordnung
   des Öltransportes wie auch der Tankerunfälle mit ihren katastrophalen Auswirkungen zeigen.

2. Festlegung des Inhalts
   Um dem oben formulierten Ziel gerecht zu werden, sollen folgende Punkte in
   der Animation dargestellt werden:

   - die weltweiten Öltransportrouten
   - die Auswirkungen eines Öltankerunfalls am Beispiel der Amoco Cadiz
   - die Anzahl der größeren Öltankerunfälle in jüngster Zeit

3. Festlegung der Struktur

In dieser Animation kommt – ähnlich wie in der Aral-See Animation – dem dramaturgischen Aufbau eine besondere Bedeutung zu. Die Animation will nicht nur informieren sondern auch sensibilisieren und muß daher verschiedene dramaturgische Elemente einsetzen. Die Animation ist insgesamt aus vier Sequenzen aufgebaut.

Die erste Sequenz beinhaltete den Titel.

Die zweite Sequenz zeigt eine Weltkarte mit den Routen der Öltanker. Die Routen sind entsprechend der transportierten Menge an Erdöl in unterschiedlicher Breite dargestellt. Sie sind außerdem animiert und machen dadurch den Ölfluß und die Fließrichtung wirkungsvoll sichtbar. Ergänzt wird diese Darstellung durch Textszenen, die zusätzliche Informationen über den weltweiten Öltransport liefern.

In der dritten Sequenz wird der Öltankerunfall der Amoco Cadiz mit seinen Auswirkungen gezeigt. Dazu wird in die Weltkarte auf Höhe der bretonischen Küste ein Tanker eingeblendet; der Tanker „blinkt", um die Aufmerksamkeit des Betrachters auf sich zu lenken. Gleichzeitig wird mit Hilfe eines Rahmens ein Ausschnitt Frankreichs markiert, der in den nachfolgenden Szenen vergrößert dargestellt wird. Dieser vergrößerte Ausschnitt der bretonischen Küste ist durch topographische Elemente ergänzt, die der besseren Orientierung des Betrachters dienen sollen. In dieser Karte erscheint in den folgenden Szenen das auslaufende Öl und der sich an den Küsten bildende Ölteppich. Textszenen, die eingeblendet werden, geben Auskunft über die Menge des ausgelaufenen Öls und die Auswirkungen auf die Küste.

Die vierte Sequenz gibt einen Überblick über die schwersten Öltankerunfälle von 1967 bis 1980. Dazu werden auf einer Weltkarte sukzessive die Tankerunfälle eingetragen. Die Reihenfolge der Eintragung in die Weltkarte folgt nicht nach zeitlichen sondern nach räumlichen Kriterien. Mit Hilfe dieser Schlußdarstellung und der Information über die Anzahl der auf dem Meer verkehrenden Tanker aus der zweiten Sequenz soll dem Betrachter die Brisanz und allgegenwärtige Bedrohung deutlich gemacht werden.

4. Festlegung der Schlüsselszenen

Die Schlüsselszenen einer Animation bilden die Eckpfeiler der Handlung einer Animation. In der vorliegenden Animation wurden daher alle Szenen als Schlüsselszenen festgelegt, die zum Fortschreiten der Handlung von Bedeutung sind. Dies sind die Textszenen, die Weltkarte mit den Öltransport-Routen, die Weltkarte mit dem markierten Ausschnitt Frankreichs, die erste und letzte Szene des auslaufenden Öls und anwachsenden Ölteppichs sowie die erste und letzte Szene der sukzessiv angezeigten weltweiten Öltankerunfälle.

5. Kartographische Gestaltung der Schlüsselszenen

Ziel der Animation ist, zu sensibilisieren und betroffen zu machen. Dies wurde bei der Gestaltung der Schlüsselszenen berücksichtigt. Sie erfolgte zwar generell nach zeichentheoretischen Grundlagen, legte jedoch großen Wert auf eine sehr anschauliche Darstellung. So wurde für das Auslaufen des Öls und das

Anwachsen des Ölteppichs eine sehr bildhafte Darstellung gewählt. Die Darstellung gibt nicht den genau gemessenen Verlauf des Ölteppichs wieder, sondern will vielmehr die Dimension des Ölunfalls deutlich machen.

Auch die Routen des Öltransportes sind sehr demonstrativ veranschaulicht. Die Routen werden durch unterschiedlich breite Bändern dargestellt, die Breite entspricht dabei der Menge des transportierten Öls. Mit Hilfe des Colorcyclings werden die Bänder „belebt" und zeigen eindrucksvoll das Fließen des Ölstroms. Als Kritikpunkt an dieser Animation ist anzuführen, daß die Breite der Bänder nicht in einer Legende erklärt wird. Der Betrachter kann daher den unterschiedlich breiten Bändern keine absoluten Mengenangaben zuordnen, sondern er kann nur das Verhältnis der Mengen untereinander (mehr, weniger) entnehmen.

6. Festlegung des Zeitmaßstabes
   Die Animation ist eine temporale Animation und gibt damit räumliche Veränderungen in der Zeit wieder. Trotz dieser Gegebenheit wird in der Animation keine reale Zeit präsentiert, da im Kontext der Animation weniger der *exakte zeitliche Verlauf* der Küstenverschmutzung als vielmehr die *Dimension* des Tankerunfalls und seiner Auswirkung gezeigt werden soll. Aus diesem Grunde wurde für diese Animation kein Zeitmaßstab festgelegt.

Erzeugung

7. Modellierung der Animationsobjekte und Szenen
   Alle Szenen dieser Animation wurden im ANIMATOR PRO erstellt. Die Karten wurden digitalisiert, die Textszenen und Ölteppichszenen entstanden mit Hilfe der im ANIMATOR PRO zur Verfügung stehenden Graphiktools. Die Modellierung der Transportrouten erfolgte mit einem speziellen Tool, mit dem die für das Colorcycling gewünschte Farbpalette ausgewählt und aufgetragen werden kann.

8. Wahl des Animationsverfahrens und Berechnung der Animation
   Die vorliegende Animation wurde mit Hilfe des Colorcyclings und der Slideshow Methode erzeugt. Das Colorcycling wurde in der zweiten Sequenz, die die Routen der Öltransporte zeigt, angewandt. Bei der Berechnung der Colorcycling-Animation versetzt sich der aufgetragene Farbverlauf jeweils um eine Farbe und erzeugt so den Eindruck des Fließens. Die anderen Sequenzen der Animation wurden als Slideshow generiert. Dazu wurden alle Szenen, auch die des sich bildenden Ölteppichs, einzeln von der Bearbeiterin erstellt und in der entsprechenden Reihenfolge zu einer Slideshow Animation zusammengefügt. Alle Einzelanimationen wurden schließlich mit Hilfe eines „Skripts" (einer ANIMATOR Programmanweisung) zu einer Gesamtanimation zusammengefaßt. Ein Nachteil dieser zusammengesetzten Skript-Animation ist, daß die Geschwindigkeit der Einzelanimationen vom Betrachter nur schwer zu steuern ist.

7.5
Zusammenfassung

Die vorgestellten Animationen weisen sehr unterschiedliche Schwerpunkte bezüglich ihrer Intention und damit auch ihrer Konzeption auf. Die graphische Aufbereitung der Themen reicht von sehr anschaulichen bis hin zu kartographisch sehr exakten Darstellungen. Ebenso sind Inhalt und Struktur der Animation sehr heterogen. Manche Animationen beschränken sich darauf, die eigentliche Veränderung zu zeigen, andere Animationen dagegen geben eine Fülle von Zusatzinformationen, die zum besseren Verständnis beitragen sollen. Obwohl alle Animationen in erster Linie der temporalen Animation zuzuordnen sind und damit raumzeitliche Veränderungen zeigen, werden in jedem Beispiel auch Möglichkeiten der nontemporalen Animation verwendet z.B. der sukzessive Aufbau von Karten zur Lenkung der Aufmerksamkeit. In den Animationen wurden verschiedene Animationsverfahren eingesetzt, um die gewünschten Animationseffekte zu erzielen. Die Merkmale, Besonderheiten und Probleme der einzelnen Animationen werden noch einmal in Tabelle 15 zusammengefaßt.

Abschließend ist festzuhalten, daß das Programm ANIMATOR PRO in gewissem Umfang geeignet ist, kartographische Animationen zu erzeugen. Da die Software jedoch in erster Linie für den kommerziellen Bereich konzipiert ist, stößt man für die kartographische Anwendung (gerade im Bereich exakter Datenumsetzung) immer wieder auf die Grenzen des Programms. Erschwerend für die kartographische Anwendung war darüber hinaus die Rasterorientiertheit des Programms. Das Programm verarbeitet intern Rasterdaten und keine Vektordaten, daher können kartographische Objekte nicht als Objekte sondern nur als „Cels" angesprochen und bearbeitet werden.

Tabelle 15. Zusammenfassung der Merkmale der einzelnen Animationen

	Entwicklung des S-Bahnnetzes und der Siedlungsfläche Berlins	Ruhrgebiet: Wanderung des Bergbaus und Bevölkerungsentwicklung	Veränderung des Aral-Sees	Verschmutzung von Küsten und Meeren durch Öltankerunfälle
Funktion Einsatz der Animation	Demonstration - Darstellung raum-zeitl. Veränderungen (Ausdehnung, Quantität, Qualität) - animierter Text zur Erregung der Aufmerksamkeit	Demonstration - Darstellung raum-zeitl. Veränderungen (Ausdehnung, Quantität) - sukzessiver Aufbau von Karten zur Lenkung der Aufmerksamkeit - Veränderung des Maßstabes durch Zooming	Demonstration - Darstellung raum-zeitl. Veränderungen (Ausdehnung) - sukzessives Anzeigen von in Beziehung stehenden Themen - sukzessiver Aufbau von Karten zur Lenkung der Aufmerksamkeit - „Blinken" eines Objekts zur Betonung	Demonstration - Darstellung raum-zeitl. Veränderungen (Transport, Position, Ausdehnung) - sukzessiver Aufbau von Karten zur Lenkung der Aufmerksamkeit
Animationsverfahren	Slideshow, Tweening, Textanimation	Slideshow, Tweening	Slideshow	Slideshow, Colorcycling
Besonderheiten	dynamische Zeitangabe, dynamische Legende	Korrelation von raumzeitlichen Veränderungen	dramaturgischer Aufbau, Darstellung von Zusammenhängen verschiedener Aspekte	dramaturgischer Aufbau, sehr bildhafte, anschauliche Darstellung
Probleme/ Schwierigkeiten	Darstellung der Zeitangabe (programmtechn. Probleme)	Klassifizierung, Signaturenmaßstab (große Wertespanne zwischen Minimum und Maximum)	Tweening des Aral-Sees (programmtechn. Probleme)	Geschwindigkeitsvariation schwierig, da Skript-Animation (programmtechn. Problem)
Unzulänglichkeiten	ungenaue Darstellung der Siedlungsflächenentwicklung, da zu wenig Schlüsselszenen für das Tweening festgelegt wurden	ungenaue Wiedergabe der realen Zeit, da kein genauer Zeitmaßstab definiert wurde	Veränderung des Sees wird nicht kontinuierlich dargestellt, da Daten nicht lückenlos vorlagen	Fehlende Legende, Breite der Bänder wird nicht erklärt => Menge des transportierten Erdöls kann nicht abgelesen werden

8 Schlußbemerkung und Ausblick

Dieses Buch gibt eine Einführung in die Computer-Animation und ihre Anwendung in der Kartographie. Es stellt die Methoden und Techniken der allgemeinen Computer-Animation vor und überträgt diese auf die Kartographie. Darüber hinaus gibt es einen Überblick über die verschiedenen Einsatzmöglichkeiten der CA. Ein effizienter Einsatz der Computer-Animation in der Kartographie erfordert jedoch weitere Forschungsarbeiten, die die Ausführungen dieses Buch ergänzen. Drei Hauptgebiete sind dabei zu nennen:

- die Gestaltung kartographischer Animationen,
- die Wahrnehmung kartographischer Animationen durch den Nutzer und
- die Erzeugung und Nutzung kartographischer Animationen mittels spezieller kartographischer Animationssoftware.

Die *Gestaltung kartographischer Animationen* muß sich an Kriterien orientieren, die sich von denen der traditionellen kartographischen Darstellungen unterscheiden. Kartographische Animationen werden ausschließlich am Computer-Bildschirm gezeigt, sie sind nicht statisch sondern dynamisch, und die einzelnen Darstellungen der Animation werden oft in sehr schneller Folge gezeigt. Es ist daher zu untersuchen, ob kartographische Darstellungen für das Medium Bildschirm anders zu gestalten sind als für das Medium Papier, und ob die bisher entwickelten verschiedenen Darstellungsmodelle auf die Animation übertragen werden können, oder ob manche abzuändern oder gar abzulehnen sind. Des weiteren ist zu überlegen, wie die Symbolisierung, die Objekt-Zeichen-Zuordnung, in einer Animation vorzunehmen ist, bei der zum einen große Wertspannen der Anfangs- und Endwerte auftreten können und bei der die Aufmerksamkeit auf die sich verändernden Objekte gelenkt ist. Zusätzlich muß überprüft werden, wie hoch die Inhaltsdichte und Komplexität der einzelnen kartographischen Darstellungen einer Animation sein kann.

Auch die Gestaltung der Legende einer kartographischen Animation muß diese Kriterien berücksichtigen. Die Legende muß sich der Dynamik der kartographischen Animation anpassen. Es ist zu klären, was die Legende für eine kartographische Animation beinhalten und wie dieser Inhalt dargestellt werden muß. Darüber hinaus ist zu untersuchen, welche Teile der Legende in graphischer und welche Teile in akustischer Form darzubieten sind.

Untersuchungen zur *Wahrnehmung kartographischer Animationen* müssen in direktem Zusammenhang zur Gestaltung wie auch zur Anwendung der Animationen stehen. Die Untersuchungen haben zu überprüfen, welche Gestaltung der kartographischen Darstellungen in einer Animation vom Nutzer am besten und eindeutig wahrnehmbar ist, und für welche Anwendungen die Animation eine geeignete Darstellungsform ist. In dem vorliegenden Buch werden die Anwendungsmöglichkeiten systematisch aufgeführt; sie sind durch Wahrnehmungsuntersuchungen zu überprüfen.

Außerdem sind *Animationsprogramme zu entwickeln*, die auf die speziellen Anforderungen der kartographischen Informationsdarstellung ausgerichtet sind. Es sind Programmfunktionen zu definieren und in geeignete Benutzeroberflächen zu integrieren, die eine schnelle und einfache Erzeugung sowie Nutzung kartographischer Animationen ermöglichen.

Abschließend ein Appell für die Zukunft:

Verstärkte Aktivitäten müssen das Potential des Computers für die Kartographie zur Informationsdarstellung und -darbietung erschließen, da nur dadurch die kartographische Darstellung im Zeitalter neuer Medien und neuer Informationsverarbeitung Bestand haben kann. Kartographischen Darstellungen kommt eine wichtige Funktion in der Gesellschaft zu: Sie helfen, Erkenntnisse über den Raum zu gewinnen und das menschliche Handeln im Raum zu lenken. Die kartographische Darstellung kann diese Funktion in Zukunft nur dann erfüllen, wenn sie auf die Anforderungen der zukünftigen Nutzer, die „Video-Generation" von heute, die mit Computern oft vertrauter ist als mit Printmedien, ausgerichtet ist. Den Einfluß neuer Medien auf die Nutzer beschrieb bereits HALAS (1967:14) im Zusammenhang mit der Verbreitung des Fernsehens: „Ein um Wahrheit und Gefühlstiefe ringender Künstler wird sich zwar vielleicht von den Massenmedien abwenden und mit Reißbrett oder Staffelei in eine selbstgewählte Einsamkeit zurückziehen; doch muß er dabei das Risiko der vollständigen Isolierung vom Publikum auf sich nehmen, denn dieses ist heute so beschaffen, daß es seine optische Nahrung auf einer ganz anderen Wellenlänge bezieht".

Soll diese Isolierung in der Kartographie vermieden werden, sind neue, auf die Anforderungen zukünftiger Nutzer ausgerichtete Formen der kartographischen Informationsdarbietung zu entwickeln und anzuwenden.

Literatur

Abler, R., Adams, J.S., Gould, P., 1972: Spatial organization. Edinburgh.

Ackerman, D., 1990: A natural history of the senses. New York.

Albers, J., 1969: Search versus research. Hartford.

Aldridge, H.B., Liggett, L.A., 1990: Audio/video production: theory and practice. Englewood Cliffs, NJ.

Amstrong, M.P., Lolonis, P., 1989: Interactive analytical displays for spatial decision support systems. In: Auto-Carto 9, Proceedings of the Ninth International Symposium on Computer-Assisted Cartography, Baltimore, S. 171-180.

Arnberger, E., 1977: Thematische Kartographie. Braunschweig.

Aurada, F., 1968: Synthese, Quantitätsdarstellung und Dynamik - Kernfragen der thematischen Schulkartographie. In: Internationales Jahrbuch für Kartographie 8, S. 113-135.

Badler, N., 1975: Temporal scene analysis: conceptual descriptions of objects' movements. Doctoral Dissertation, Computer Science Department, University of Toronto.

Bagrow, L., Skelton. R.A., 1973: Meister der Kartographie, Berlin.

Bahrenberg, G., Giese, E., 1975: Statistische Methoden und ihre Anwendung in der Geographie. Stuttgart.

Bär, W.-F., 1976: Zur Methodik der Darstellung dynamischer Phänomene in Karten. Frankfurter Geographische Hefte, Nr. 51, Frankfurt a. M.

Becker, R.A., Cleveland, W.S., Wilks, A.R., 1987: Dynamic graphics for data analysis. In: Statistical Science, Vol. 2, No. 4, S. 355-395.

Behrmann, W., 1941: Statische und Dynamische Kartographie. In: Jahrbuch für Kartographie, Leipzig, S. 24-34.

Berliant, M.A., Ushakova, L.A., 1993: Dynamic maps as a new type of cartographic production. In: Proceedings of the 16th International Cartographic Conference, Köln, Vol.1, S. 489-494.

Bertin, J., 1974: Graphische Semiologie. Berlin.

Bley, S.A., 1982: Presenting information in sound. In: Proceedings of CHI' 82, the Conference on Human Factors in Computer Systems, S. 371-375.

Board, C., 1967: Maps as models. In: Chorley, J., Haggett, P. (Ed.), Models in Geography. London, S. 671-719.

Bormann, W., 1955: Zur Dynamik und Methodik in der Kartographie. In: Kartographische Nachrichten, Jg. 5, Nr.1, S. 12-21.

Bollmann, J., 1981: Aspekte kartographischer Zeichenwahrnehmung. Eine empirische Untersuchung. Berlin.

Bollmann, J., 1985: Theoretische Grundlagen zur Modellierung thematischer Karten. Habilitationsschrift Fachbereich Geowissenschaften, Freie Universität Berlin.

Borchert, A. 1996: Zur Normierung des Herstellungsverfahrens hypermedialer Atlanten. In: Beiträge zum Kartographiekongreß Interlaken, S. 189-202.

Braddick, O.J., 1973: The masking of apparent motion in random-dot patterns. In Vision Research, No. 13, S. 355-369.

Braddick, O.J., 1980: Low-level and high-level processes in apparent motion. In: Philosophical Transactions of the Royal Society of London, Serie B, Nr. 209, S. 137-151.

Brodlie, K.W., Carpenter, L.A., Earnshaw, R.A. et al, 1992: Scientific visualization: techniques and applications. Berlin, Heidelberg.

Bruce, V., Green, P.R., 1990: Visual perception: physiology, psychology and ecology. London.

Bunge, W., 1962: Theoretical Geography. Lund Studies in Geography, Series C, No. 1, Lund.

Buttenfield, P.B., Mackaness, W.A., 1991: Visualization. In: Maguire, D.J. et al (Ed.), Geographical information systems, New York, S. 427-443.

Burtnyk, N., Wein, M., 1974: Towards a computer animating production tool. In: Proceedings of Eurocomp Congress, Brunel, England, S. 174-185.

Calkins, H.W., 1984: Space-time data display techniques. In: Proceedings of the International Symposium on Spatial Data Handling, Zürich, S. 324-331.

Cammack, R.G., 1991: Cartographic animation: An exploration of a mapping-technique. Thesis, University of South Carolina.

Campbell, C.S., Egbert, S.L., 1990: Animated cartography: thirty years of scratching the surface. In: Cartographica, Vol. 27, No. 2, S. 24-46.

Capek, M. (Ed.), 1976: The concepts of space and time: their structure and their development. Dodrecht.

Cartwright, W., 1995: Hardware, software and staffing requirements of multimedia cartography. In: ICA (Ed.), Proceedings of the seminar on teaching animated cartography, S. 1-10.

Casimir, T., 1991: Musikkommunikation und ihre Wirkungen. Wiesbaden.

Cebrian de Miguel, J.A., 1983: Application of a model of dynamic cartography to the study of the evolution of population density in Spain from 1900 to 1981. In: Proceedings of Auto Carto 6, Ottawa, Ontario, Vol. 2, S. 475-483.

Chevalier, D., 1963: Zeichentrickfilm. Lausanne.

Child, C.J., 1984: Creating a world: The poetics of cartography. Doctoral Dissertation at the University of Washington, Seattle, WA.

Coffey, W.J., 1981: Geography: Towards a general spatial systems approach. London, New York.

Chorley, J.R., Haggett, P. (Ed.), 1967: Models in Geography. London.

Clarke, K. C., 1990: Analytical and computer cartography. Englewood Cliffs, NJ.

Cornwell, B., Robinson, A.H., 1966: Possibilities for computer animated films in cartography. In: The Cartographic Journal, Vol. 3, No. 2, S. 79-82.

Davis, P., 1974: Data description and presentation. Oxford.

Deleuze, G., 1989: Das Bewegungs-Bild. Frankfurt a. M.

Dember,W.N., Earl,R.W., 1957: Analysis of exploratory, manipulatory and curiosity behavior. In: Psychologic Review, Nr. 64, S. 91ff.

Dent, B.D., 1990: Cartography: Thematic map design. Dubuque, IA.

Diaconis, P., 1985: Theories of data analysis: from magical thingking through classical statistics. In: Hoaglin, D.C. et al (Ed.), Exploring data tables, trends, and shapes. New York, S. 1-36.

DiBiase, D., 1990: Visualization in the earth sciences. In: Earth and Mineral Sciences, Pennsylvania State University, Vol. 59, No. 2, S. 13-18.

DiBiase, D., MacEachren, A.M., Krygier, J., Reeves, C., Brenner, A., 1991: Animated cartographic visualization in earth system science. In: Proceedings of the 15th International Cartographic Conference, Bournemouth, Vol. 1, S. 223-232.

DiBiase, D., MacEachren, A.M., Krygier, J., Reeves, C., Brenner, A., 1992: Animation and the role of map design in scientific visualization. In: Cartography and Geographic Information Systems, Vol. 19, No. 4, S. 201-214.

Dickinson, G.C., 1973: Statistical mapping and the presentation of statistics. London.

Dobson, M.W., 1976: Visual information processing during cartographic communication. In: The Cartographic Journal, Vol. 16, No. 1, S. 14-20.

Dobson, M.W., 1977: Eye-movement parameters and map reading. In: The American Cartographer, Vol. 4, No. 1, S. 39-59.

Doelker, C., 1989: Kulturtechnik Fernsehen. Analysen eines Mediums. Stuttgart.

Dorling, D., 1992: Stretching space and splicing time: from cartographic animation to interactive visualization. In: Cartography and Geographic Information Systems, Vol. 19, No. 4, S. 215-227.

Dransch, D., 1992: Cartographic animation: potential and research issues. In: Cartographic Perspectives, No. 13, S. 3-9.

Dransch, D., 1993: A comprehensive approach in cartographic animation. In: Proceedings of the 16th International Cartographic Conference, Cologne, Vol. 2, S. 1086-1092.

Dransch, D., 1995: Temporale und nontemporale Computer-Animation in der Kartographie. In: Berliner Geowissenschaftliche Abhandlungen, Reihe C, Band 15. Berlin.

Edmonds, R., 1982: The sights and sounds of cinema and television. New York.

Evans, M., 1979: Soundtrack. The music of the movies. New York.

Faber, J. et al, 1992: Bedeutung von Bewegtbilddarstellungen für die Informationsvermittlung. Projektbericht des Heinrich-Hertz-Institutes für Nachrichtentechnik Berlin.

Faulstich, W., 1980: Einführung in die Filmanalyse. Tübingen.

Flechtner, H.-J., 1970: Grundbegriffe der Kybernetik. Stuttgart.

Foley, J.D., van Dam, A., Feiner, S.K., Huges, J.F., 1990: Computer graphics: principles and practice. Reading, MA.

Freitag, U., 1966: Verkehrskarten. Gießener Geographische Schriften, Heft 8, Gießen.

Freitag, U., 1971: Semiotik und Kartographie. In: Kartographische Nachrichten, Jg. 21, S. 171-182.

Freitag, U., 1987a: Die Kartenlegende - nur eine Randangabe? In: Kartographische Nachrichten, Jg. 37, S. 42-49.

Freitag, U., 1987b: Maps of tourists: a systematic approach to tourist cartography. In: Nachrichten aus dem Karten- und Vermessungswesen, Serie II, Nr. 46, S. 213-219.

Freitag, U., 1993: Map functions. In: Kanakubo, T. (Ed.), The selected main theoretical issues facing cartography. Report ICA-Working Group, Tokyo, S. 9-19.

Friedhoff, R.M., Benzon, W., 1989: Visualization: The second computer revolution. New York.

Fuhrmann, S., Streit, U., 1996: Konzeption eines multimedialen Visualisierungssystems für digitale hydrologische Geometrie- und Sachdaten. In: Beiträge zum Kartographiekongreß Interlaken, S. 203-210.

Gedymin, A.V., 1955: Die Landkarte als Arbeitsmittel. In: Probleme der Kartographie. Gotha, S. 47-56.

Gellert, W. et al (Hrsg.), 1977: Kleine Enzyklopädie der Mathematik. Leipzig.

Gersmehl, P.J., 1990: Choosing tools: nine metaphors of four-dimensional cartography. In: Cartographic Perspectives, No. 5, S. 3-17.

Gibson, J.J., 1973: Die Sinne und der Prozeß der Wahrnehmung. Berlin.

Giesen, R. (Hrsg.), 1982: Das große Buch vom Zeichenfilm.

Goodchild, F.M., 1988: Stepping over the line: technical constraints and the new cartography. Vol. 15, No. 3, S. 311-319.

Grinstein, G., 1990: Stereophonic and surface sound generation for exploratory data analysis. Proceedings of the Association for Computing Machinery Special Interest Group on Computer Human Interfaces, S. 125-132.

Hägerstrand, T., 1967: Innovation diffusion as a spatial process. Chicago, London.

Hake, G., 1974: Kartographische Ausdrucksform und Wirklichkeit. In: Abhandlungen des 1. Geographischen Instituts der Freien Universität Berlin, Bd. 20, Festschrift für Georg Jensch, Berlin, S. 87-108.

Halas, J., 1967: Film and TV graphics. Ed.: Herdeg, W., Zürich.

Harenberg, M., 1989: Neue Musik durch neue Technik? Musikcomputer als qualitative Herausforderung für ein neues Denken in der Musik. Kassel.

Hartmann, M., Funk, R., Nietmann, H., 1991: Präsentieren. Weinheim, Basel.

Hays, E.M., 1990: On defining motion verbs and spatial prepositions. In: Freska, C., et al (Ed.), Repräsentation und Verarbeitung räumlichen Wissens. Informatik-Fachberichte 245, Berlin, S. 192-206.

Hayward, S., 1977: Scriptwriting for animation. London.

Hayward, S., 1984: Computers for animation. London.

Helms, S., 1981: Musik in der Werbung. Wiesbaden.

Hershenson, M., 1964: Visual discrimination in the human newborn. In: J. Comp. Physiol. Psychol., Nr. 58, S. 270-275.

Hettner, A., 1910: Die Eigenschaften und Methoden der kartographischen Darstellung. In: Geographische Zeitschrift, Jg. 16, S. 12-28 und 73-82.

Hodler, T.W., 1995: Use of animated mapping for displaying temporal data. In: ICA (Ed.), Proceedings of the seminar on teaching animated cartography, S. 79-84.

Humphreys, G.W., Bruce, V., 1991: Visual cognition: computational, experimental and neuropsychological perspectives. London.

Imhof E., 1972: Thematische Kartographie. Berlin, New York.

Jacobs, R., 1992: Possible perceptual and cognitive advantages of map animation. Unveröffentl. Skript, University of Nebraska at Omaha.

Jakle, T.A., 1976: Time, space and the geographic past: a prospectus. In: American Historical Review, 76.

Jaques, E., 1982: The form of time. New York.

Johansson, G., 1973: Visual perception of biological motion and a model for its analysis. In: Perception and Psychophysics, No. 14, S. 201-211.

Johansson, G., 1975: Visual motion perception. In: Scientific American, No. 232, S. 76-89.

Klaus, G., Buhr, M., 1975: Philosophisches Wörterbuch. Leipzig.

Klima, G., 1974: Multimedia and human perception. New York.

Köbben, B., Yaman, M., 1995: Evaluating dynamic visual variables. In: ICA (Ed.), Proceedings of the seminar on teaching animated cartography, S. 45-52.

Korte, A., 1915: Kinematoskopische Untersuchungen. In: Zeitschrift für Psychologie, Nr. 72, S. 193ff.

Kosslyn, S.M., 1981: Image and mind. Cambridge, MA.

Koussoulakou, A., Kraak. M.J., 1992: Spatio-temporal maps and cartographic communication. In: The Geographic Journal, Vol. 29, S. 101-108.

Kraak, M.J., Tijssen, T., 1993: Computer-assissted learning and the visualization of spatio-temporal data. In: Proceedings of the 16th International Cartographic Conference, Köln, Vol. 2, S. 983-992.

Kraak, M.-J., Klomp, A., 1995: A classification of cartographic animations: Towards a tool for the design of dynamic maps in a GIS environment. In: ICA (Ed.), Proceedings of the seminar on teaching animated cartography, S. 29-36.

Krygier, J.B., 1991: Sound variables, sound maps, and cartographic visualization. Verbreitung über network mail server „GIS-L".

Kuhn, W., 1991: Are displays maps or views? In: Proceedings of Auto Carto 10, Baltimore, S. 261-274.

Künstler, G., 1960: Der Film als Erlebnis: Über das bewegte Bild und über seinen Sinn. Wien.

Kunz, J., 1980: Medien Revolution: Die Elektronik verändert die Welt. Wien.

Langran, G., Chrisman, N.R., 1988: A framework for temporal geographic information. In: Cartographica, Vol. 25, No. 3, S. 1-14.

Langran, G., 1992: States, events and evidence: the principle entities of a temporal GIS. In: Proceedings of GIS/LIS'92, San Jose, CA, S. 416-425.

Laurini, R., Thompson, D., 1992: Fundamentals of spatial information systems. London, New York.

Laybourne, K., 1979: The animation book. New York.

Lenmark-Ellis, B., 1981: How to write themes and term papers. New York.

Lunney, D., Morrison, R.C., 1981: High technology laboratory aids for visually handicapped chemistry students. In: Journal of Chemical Education, Vol. 58, No. 3, S. 228-231.

MacDougall, E.B., 1992: Exploratory analysis, dynamic statistical visualization, and geographic information systems. In: Cartography and Geographic Information Systems, Vol. 19, No. 4, S. 237-246.

MacEachren, A.M., DiBiase, D., 1991: Animated maps of aggregate data: conceptual and practical problems. In: Cartography and Geographic Information Systems, Vol. 18, No. 4, S. 221-229.

MacEachren, A.M., 1994: Taylor, D.R.F. (Eds.): Visualization in modern cartography, Oxford.

Mackaness, W.A., Buttenfield, B.P., 1991: Incorporating time into geographic process: a framework for analysing process in GIS. In: Proceedings of the 15th International Cartographic Conference, Bournemouth, Vol. 2, S. 565-574.

Magnenat-Thalmann, N., Thalmann, D., 1985: Subactor data types as hierarchical procedural models for computer animation. In: Proceedings of Eurographics '85, S. 121-127.

Magnenat-Thalmann, N., Thalmann, D. (Ed.), 1989: State-of-the-art in computer animation. Proceedings of Computer Animation '89. Genève.

Magnenat-Thalmann, N., Thalmann, D. (Ed.), 1990: Computer animation'90. Proceedings of Computer Animation '90. Genève.

Magnenat-Thalmann, N., Thalmann, D., 1990: Computer animation: theory and practice. Tokyo, Berlin.

Maiocchi, R., Pernici, B., 1990: Directing an animated scene with autonomous actors. In: Magnenat-Thalmann, N., Thalmann, D. (Ed.), Computer Animation '90, Tokyo,S. 41-60.

Makkonen, K., Sainio, R., 1991: Computer aided cartographic communication. In: Proceedings of the 15th International Cartographic Conference, Bournemouth, Vol. 1, S. 211-222.

Mandelbrot, B.B., 1977: Fractals: form, chance and dimensions. San Francisco, CA.

Mansur, D.L., Blattner, M.M., Joy, K.I., 1985: Sound graphs: a numerical data analysis method for the blind. In: Journal of Medical Systems, No. 9, S. 163-174.

Marr, D., 1982: Vision. San Francisco, CA.

McLaren, R.A., 1989: Visualization techniques and applications within GIS. In: Proceedings Auto-Carto 9, Baltimore, S. 5-14.

McLuhan, M., 1967: The medium is the message. New York.

Mealing, S., 1992: The art and science of computer animation. Oxford.

Moellering, H., 1976: The potential uses of a computer animated film in the analysis of geographical patterns of traffic crashes. In: Accident Analysis and Prevention, Vol.8, S. 215-227.

Moellering, H., 1980: The real-time animation of three-dimensional maps. In: The American Cartographer, Vol. 7, No. 1, S. 67-75.

Moellering, H., 1987: Understanding modern cartography using the concepts of real and virtual map. In: Proceedings of the 13th International Cartographic Conference, Morelia, Mexico, Vol. 4, S. 43-51.

Monmonier, M., 1989: Graphic scripts for the sequenced visualization of geographic data. In: Proceedings of GIS/LIS'89, Orlando, FL, S. 381-389.

Monmonier, M., 1990a: Strategies for the visualization of geographic time-series data. In: Cartographica, Vol. 27, No. 1, S. 30-45.

Monmonier, M., 1990b: Strategies for the interactive exploration of geographic correlation. In: Proceedings of the 4th International Symposium on Spatial Data Handling, Zürich, Vol. 1, S. 512-521.

Monmonier, M., 1991a: How to lie with maps. Chicago.

Monmonier, M., 1991b: Ethics and map design. In: Cartographic Perspectives, No. 10, S. 3-8.

Monmonier, M., 1992: Summary graphics for integrated visualization in dynamic cartography. In: Cartography and Geographic Information Systems, Vol. 19, No. 1. S. 23-36.

Monmonier, M., 1993: „Navigation" and „narration" strategies in dynamic bivariate mapping. In: Proceedings of the 16th International Cartographic Conference, Köln, Vol.2, S. 645-654.

Morrison, J.L., 1974: Changing philosophical-technical aspects of thematic cartography. In: The American Cartographer, Vol. 1, No. 1, S. 5-14.

Motte-Haber, H. de la, Emons, H., 1980: Filmmusik: Eine systematische Beschreibung. München, Wien.

Muehrcke, P.C., 1978: Map Use: Reading, analysis and interpretation. Madison, WI.

Muehrcke, P.C., 1990: Cartography and Geographic Information Systems. In: Cartography and Geographic Information Systems, Vol. 17, No. 1, S. 7-15.

Mueller, J.-C., 1985: Wahrheit und Lüge in thematischen Karten - Zur Problematik der Darstellung statistischer Sachverhalte. In: Kartographische Nachrichten, Jg. 35, S. 44-52.

Olson, J.M., 1975: Experience and the improvement of cartographic communication. In: The Cartographic Journal, Vol.12, No. 2, S. 94-108.

Olson, J.M., 1991: Spatial information use and cartography. In: Proceedings of the 15th International Cartographic Conference, Bournemouth, Vol. 1, S. 184-186.

Ogrissek, R., 1987: Theoretische Kartographie. Gotha.

Ormeling, F.J., Kraak, M.J., 1987: Kartografie. Delft.

Ormeling, F.J., 1995: Teaching animated cartography. In: ICA (Ed.), Proceedings of the seminar on teaching animated cartography, S. 21-28.

Papay, G., 1973: Funktionen der kartographischen Darstellungsformen. In: Petermanns Geographische Mitteilungen, Jg. 117, S. 234-239.

Peterson, M.P., 1992: The medium is the message: map use and GIS technology. Paper to the GIS Forum, Lincoln, NE, Seiten 7.

Peterson, M.P., 1993: Interactive cartographic animation. In: Cartography and Geographic Information Systems, Vol. 20, No. 1; S. 40-44.

Peterson, M.P., 1994a: From tool to medium: implications of the changing role of the computer in cartography. Paper to the 90th Annual Meetings of the Association of American Geographers, San Francisco, CA, Seiten 8.

Peterson, M.P., 1994b: Interactive and animated cartography, Englewood Cliffs.

Peterson, M.P., 1995: Cartographic animation on the internet. In: ICA (Ed.), Proceedings of the seminar on teaching animated cartography, S. 11-14.

Pöhlmann, G., 1980: Kartographische Darstellung von Veränderungen. In: Vermessungswesen und Raumordnung, Jg. 42, S. 82-86.

Pollack, H., 1969: A numerical model of the Grand Canyon. In: Four Corners Geological Society Guidebook, S. 61-62.

Pred, A. (Ed.), 1981: Space and time in geography. Festschrift für Torsten Hägerstrand. Lund Studies in Geography, Ser. B, No. 48, Lund.

Rase, W-D., 1974: Kartographische Darstellung dynamischer Vorgänge in computergenerierten Filmen. In: Kartographische Nachrichten, Jg. 24, S. 210-215.

Ray, C., 1991: Time, space, and philosophy. London, New York.

Reff, W., Vasarhelyi, I., 1980: Filmtrick - Trickfilm. Leipzig.

Rhode, E., 1976: A history of the cinema. New York.

Rice, R.E. et al, 1984: The new media. Beverly Hills, CA.

Robertson, P.K., 1988: Choosing data representation for the effective visualization of spatial data. In: Proceedings of the Third International Symposium on Spatial Data Handling, Sydney, S. 243-252.

Robinson, A., Petchenik, B.B., 1976: The nature of maps. Chicago, London.

Robinson, A., 1982: Early thematic mapping in the history of cartography. Chicago.

Rock, I., 1985: Vom visuellen Reiz zum Sehen und Erkennen. Heidelberg.

Schmidt, H.-C., 1976: Musik als Einflußgröße bei der filmischen Wahrnehmung. In: Schmidt, H.-C. (Hrsg.), Musik in den Massenmedien Rundfunk und Fernsehen, S. 126-169.

Schönberger, A. (Hrsg.), 1988: Simulation und Wirklichkeit. Köln.

Seiffert, H., 1985: Einführung in die Wissenschaftstheorie, Bd. 3. München.

Sieber, R., Bär, H.R., 1996: Das Projekt „Interaktiver Multimedia Atlas der Schweiz". In: Beiträge zum Kartographiekongreß Interlaken, S. 211-226.

Slocum, T.A., Egbert, S.L., Prante, M.C., Robeson, S.H., 1988: Developing an information system for choropleth maps. In: Proceedings of the Third International Symposium on Spatial Data Handling, Sydney, S. 293-305.

Slocum, T.A., Robeson, S.H., Egbert, S.L., 1990: Traditional versus sequenced choropleth maps - an experimental investigation. In: Cartographica, Vol. 27, No. 1, S. 67-88.

Slocum, T.A., Egbert, S.L., 1991: Cartographic data display. In: Taylor, D.R.F. (Ed.), Geographic Information Systems. The Microcomputer and Modern Cartography. Oxford, New York, S. 167-199.

Sorrell, P.E., 1981: Cartography: a manufacturing industry concerned with processing, transformation, packaging and transportation of spatial data. In: The Cartographic Journal, Vol. 18, No. 2, S. 84-90.

Spiegel, M.R., 1991: Theory and problems of statistics. New York.

Square, A., [=Abbott, E.A.], 1884: Flatland: a romance of many dimensions. London.

Squires, P.C., 1959: Topological aspects of apparent visual motion. In: Psychologische Forschung, Jg. 26, S. 1ff.

Stachowiak, H. (Hrsg.), 1983: Modelle - Konstruktion der Wirklichkeit. München.

Stams, W., 1981: Möglichkeiten zur kartographischen Darstellung räumlicher und zeitlicher Veränderungen. Manuskript der Ingenieurschule für Geodäsie und Kartographie Dresden.

Stankowski, A., 1989: Visuelle Kommunikation. Berlin.

Stephenson, R., 1973: The animated film. New York.

Surfer Reference Manual, 1991: Golden Software Inc., Golden, CO.

Szegö, J., 1987: Human cartography: mapping the world of man. Stockholm.

Taylor, D.R.F., 1985: The educational challenges of a new cartography. In: Cartographica, Vol. 22, No. 4, S. 19-37.

Taylor, D.R.F., 1987: Cartographic communication on computer screens: the effect of sequential presentation of map information. In: Proceedings of the 13th International Cartographic Conference, Morelia, Mexico, Vol. 1, S. 591-611.

Thalmann, D., 1989: Motion control: from keyframe to task-level animation. In: Magnenat-Thalmann, N., Thalmann, D. (Ed.), State-of-the-art in Computer Animation. Proceedings of Computer Animation '89, Genève.

Theall, D.F., 1971: The medium is the rear view mirror. Montreal.

Thiel, W., 1981: Filmmusik in Geschichte und Gegenwart. Berlin.

Thrower, N.J.W., 1959: Animated cartography. In: The Professional Geographer, Vol. 11, No. 6, S. 9-12.

Thrower, N.J.W., 1961: Animated cartography in the United States. In: Internationales Jahrbuch für Kartographie 1, S.20-29.

Tobler, W.R., 1970: A computer movie simulating urban growth in the Detroit region. In: Economic Geography, No. 46, S. 234-240.

Tobler, W.R., 1987: Experiments in migration mapping by computer. In: The American Cartographer, Vol. 14, No. 2, S. 155-163.

Tomlinson, R.F., 1988: The impact of the transition from analogue to digital cartographic representation. In: The American Cartographer, Vol. 15, No. 3, S. 249-261.

Tuckey, J.W., 1977: Exploratory data analysis. Reading, MA.

Tuckey, J.W., 1980: We need both exploratory and confirmatory. In: The American Statistician Vol. 34, No. 1, S. 23-25.

Tufte, E.R., 1990: Envisioning information. Chesire, CT.

Tulku, T., 1977: Time, space, and knowledge: a new vision of reality. Emeryville, CA.

Ullmann E.L., 1980: Geography as spatial interaction. Ed.: Boyce R.R., Seattle, WA.

Ullmann, S., 1979: The interpretation of visual motion. Cambridge, MA.

Uthe, A-D., 1985: Mehrschichtenkarten in geowissenschaftlichen Arbeitsprozessen. Diplomarbeit, Geographisches Institut, Freie Universität Berlin.

Vernon, M.D., 1974: Wahrnehmung und Erfahrung. Köln.

Verts, T.W., 1989: IBM PC animation - crude but effective. In: Proceedings of Auto Carto 9, Baltimore, S. 858-866.

Watson, D., 1990: The state of the art of visualization. In: Proceedings of the Super Computing Europe Fall Meeting, Aachen.

Wertheimer, M., 1912: Experimentelle Studien über das Sehen von Bewegung. In: Zeitschrift für Psychologie, Nr. 61, S. 161-265.

Wilhelms, J., Moore, M., Skinner, R., 1988: Dynamic animation: interaction and control. In: The Visual Computer 1988, S. 283-295.

Willim, B., 1989: Leitfaden der Computer Graphik. Berlin.

Wirth, E., 1979: Theoretische Geographie. Stuttgart.

Witt, W., 1970: Thematische Kartographie, 2. Auflage. Hannover.

Witt, W., 1976: Modelle und Karten. In: Kartographische Nachrichten, Jg. 26, S. 2-8.

Witt, W., 1979: Lexikon der Kartographie. Wien.

Wood, D., Fels, J., 1986: Designs on signs/ myth and meaning in maps. In: Cartographica, Vol. 23, No. 3, S. 54-103.

Wright, B., 1972: The use of film. New York.

Xenakis I., 1971: Formalized music: thought and mathematics in composition. Bloomington, London.

Yeung, E.S., 1980: Pattern recognition by audio representation of multivariate analytical data. In: Analytical Chemistry, Vol. 52, No. 7, S. 1120-1123.

Zuckerkandl, V., 1969: Sound and symbol: music and the external world. Princeton.

Sachverzeichnis

Springer
und
Umwelt